U0223602

盾构切削大直径钢筋混凝土群桩的理论与实践

袁大军　王　飞　著

科学出版社

北京

内 容 简 介

在城市盾构掘进施工中，常会遇到地中障碍物。其中，桩基就是最典型的一种障碍物。在能确保桩所支撑的建（构）筑物安全和满足功能的条件下，盾构直接切桩通过是最理想的选择。本书呈现给读者的正是盾构切削大直径钢筋混凝土桥桩的研究成果和成功案例。全书共 13 章，从理论分析、现场切桩试验和工程验证等角度，详细地论述了盾构切削"钢筋""混凝土"机理、新型刀具的研发及配置、盾构切削钢筋混凝土桩模式、盾构机改造方法、现场盾构切削钢筋混凝土桩试验以及盾构切削苏州广济桥 14 根大直径钢筋混凝土桥桩过程，最后介绍研究开发的与切桩密切相关的壁后注浆、渣土改良等内容。

本书配有大量图片，内容深入浅出，对盾构工程的设计、施工和管理有较大的借鉴意义，可供隧道工程等相关专业的工程技术人员、科研人员以及高等院校的师生参考。

图书在版编目（CIP）数据

盾构切削大直径钢筋混凝土群桩的理论与实践 / 袁大军，王飞著.
—北京：科学出版社，2017.9
ISBN 978-7-03-053115-5

Ⅰ. ①盾… Ⅱ. ①袁… ②王… Ⅲ. ①钢筋混凝土-群桩-盾构法
Ⅳ. ①TU473.1

中国版本图书馆 CIP 数据核字（2017）第 126219 号

责任编辑：张晓娟 / 责任校对：桂伟利
责任印制：吴兆东 / 封面设计：熙　望

科 学 出 版 社 出版
北京东黄城根北街 16 号
邮政编码：100717
http://www.sciencep.com

北京凌奇印刷有限责任公司 印刷
科学出版社发行　各地新华书店经销
*
2017 年 9 月第 一 版　开本：720×1000 1/16
2022 年 1 月第四次印刷　印张：17 1/2
字数：353 000
定价：128.00 元

序

  袁大军教授长年从事盾构隧道研究，在日本留学并工作多年，在早稻田大学师从森麟教授、小泉淳教授，有较为扎实的理论基础和实践经验。回到北京交通大学工作后专心从事盾构研究，长期坚守在工程一线，以解决实际工程中的难题见长，取得了诸多优秀的科研成果，是国家重点基础研究发展计划（973 计划）"高水压越江海长大盾构隧道工程安全的基础研究"的首席科学家。

  近年来，随着盾构技术的飞速发展，盾构已成为地下工程不可或缺的利器。但盾构也有其局限性，如难以直接切除地中障碍物。与可以人工拆除的暗挖法相比，劣势凸显，影响了盾构的选用。

  令人欣喜的是，袁大军教授带领的团队对盾构切削大直径钢筋混凝土群桩进行了研究，不仅在切桩理论、新型刀具的研发、刀盘及刀具配置方法上有所突破，而且还进行了国内外首次盾构切桩试验，并成功应用于切削苏州广济桥 14 根大直径钢筋混凝土桥桩工程，取得了可喜的成果。同时，拓宽了盾构技术的应用领域，对建（构）筑物桩基林立的城市中心区地下工程有重要的意义。该成果已在北京、杭州、深圳等地的地铁盾构隧道工程中成功应用，推广前景广阔。

  我对该书的内容比较了解，也源于我的博士生王飞的博士论文是该研究成果的一部分。书中有许多珍贵的图片和试验成果，作者都毫无保留地呈现出来。在国际上，日本也有盾构切削排水板、钢管等专用刀具，但无法切削土体，必须在切削障碍物前后进行更换，不仅工程效率低，而且在地中更换刀具有较大的施工风险。该研究成果的盾构刀具不仅可以切削钢筋混凝土群桩，而且可以切削软土，不必更换刀具。从这些方面来看，该成果具有国际领先水平。

  该书内容丰富，图文并茂，既有对盾构切削基础理论的叙述，又有对工程案例的详细介绍，可供盾构工程技术人员、科研人员以及高等院校相关专业的师生参考。

2017 年 3 月 27 日

前　言

　　若从在早稻田大学跟随我的盾构启蒙老师森麟教授学习盾构硕士课程算起，自己从事盾构研究已有 27 年。当年第一次在东京湾海底隧道工地见到盾构的震撼，跟随师兄们挥汗做盾构泥水劈裂模型试验，后来在日产建设技术研究所研制盾构模型机，做刀盘堵塞试验，再后来跟随恩师小泉淳教授攻读博士学位，边喝啤酒边熬夜写论文的情景依然历历在目！虽然没有什么惊人的研究成果，也算得上是盾构隧道队伍里的一员。

　　回国后，正好赶上如火如荼的地铁及地下工程建设，自己所学的盾构知识也派上了用场，主持完成了多个与盾构掘进工程相关的科研项目。从北京地铁砂卵石地层盾构掘进研究开始，到广州地铁复合盾构滚刀磨损，南京长江隧道和南京纬三路过江隧道高水压小覆土盾构掘进安全，以及深圳地铁盾构穿越既有线等。其中印象最深、研究周期最长、团队参与研究人数最多的还是苏州轨道交通 2 号线盾构穿越构筑物的研究，不仅在富水软弱地层的苏州地区连续盾构、连续穿越570 栋次建筑物，而且进行了盾构切桩的大胆尝试！记得当时提出切桩后，反对声、疑问声十分强烈，特别是设计咨询单位。如果按原设计的拆桥方案，确实问题就简单了！谁都不担责任。但就这样把刚建设没几年的桥拆了，作为一个技术工作者确实心有不甘！记得，当时自己没有把握，打电话询问恩师小泉淳教授，回答也是："在日本几乎没听说过，要慎重！"幸好，苏州市轨道交通集团的领导坚决支持切桩，使得我们的研究团队也有了完成这项艰巨任务的信心。当然，反对声和质疑声也使我们更加慎重，应该说是如履薄冰地开始了研究工作。

　　盾构切桩研究从国内外调研开始，我们几乎查遍了所有可能查到的与盾构切削桩基有关的工程案例和相关资料，仔细分析并到相关单位及现场调研、学习请教。理论分析自不必说，即使在采用滚刀或切刀的切削钢筋混凝土桩这个最基本的问题上，两种意见争论相持不下，甚至专家会上也是两种意见各不相让。无论从切削原理还是已有的案例看，都是滚刀有利。但苏州富水软土地层难以实现其掘削效果，可用切刀直接切削"钢筋""混凝土"，又担心其切削能力和刀具损伤。我们在这方面做了较多的研究和探索工作，最终采用了改良的刀具和刀盘，效果还比较好，书中有详细论述。

　　本书另一个值得读者重点参考的是盾构切削钢筋混凝土桩试验，这也是国际上的首次试验。起初，我们实在是对切钢筋混凝土桩心里没底，一旦不成功，就会给工程带来极大的麻烦，这逼迫我们必须要做个真实的切桩试验，来确认我们的想法是正确的，方案是可行的。幸好，在施工单位中铁十三局（现中国铁建大桥工程局集团有限公司）的大力支持和盾构机制造商小松（中国）的积极配合下，我们实现了这个难能可贵的试验，同时观察到了盾构切桩的全部过程，使我们对盾构切桩工程有了底气和信心。

虽然我们做了充分的研究和精心的准备，但真正切桩施工时，还是极为紧张。桥的安全必须保证，同时桥也不能封，客人旅游观光及公共交通不能受到影响。深夜里听到从地下传出的盾构切桩的吱吱嘎嘎的奇怪声音，甚至有点恐怖！书中对切桩的过程都有较详细的描述。

切桩项目能够圆满完成，要感谢很多人。首先应该感谢的是苏州市轨道交通集团有限公司常务副总经理董朝文教授级高工，是他提出盾构切桩的命题。从调研开始，到盾构改造方案、盾构切桩试验，直到切桩工程完成，他一直在前线协调和指挥，每当遇到困难，都是他跟我们一起出主意、想办法，他胆大心细，周密布置，没有他的奉献，本项目的完成是无法想象的。苏州市轨道交通集团有限公司周明保董事长、王占生总工程师也经常到现场指导和鼓励，在重大方案的决策上，他们积极支持，出谋划策，勇于担当。建设分公司的多位年轻负责人：蔡荣副总、王社江主任、朱宁博士、薛永健副主任、陈海丰博士都和我们团队一起熬夜琢磨，坚守现场。设计单位中铁第四勘察设计院集团有限公司苏州设计研究院王效文院长，施工单位中铁十三局穆永江项目经理、韩冰总机械师、李海总工，盾构机制造商小松（中国）技术负责人南好人先生都给予了我们大力支持和积极配合。

盾构切桩项目完成后，时常有地铁建设、设计、施工单位来询问盾构切桩的问题。特别是去年，在评审北京地铁 12 号线、19 号线等设计总体方案时，盾构能否切桩成为了一个关键问题。在会上，我用苏州盾构切削大直径钢筋混凝土群桩的经验来说明盾构切桩是可行的，最终切桩方案被采用。在专家会休息聊天的时候，一位老前辈说，你应该把切桩的事系统地写出来，让大家知道。仔细想来，我们的研究成果还略显粗浅，不够系统，距离出书还有距离，甚至有些内容还不够成熟，须再认真推敲，深入研究。但不管怎么说，团队对盾构切削钢筋混凝土桩有了较多的感悟和认识，将这些心得体会写出来，与读者分享，既可供设计施工者参考，为盾构穿越桩基提供一个新的思路和方法，也能为相关研究提供些许借鉴。带着这种复杂的心情，我们战战兢兢地开始了本书的撰写工作。

本书由袁大军制定大纲并组织撰写，王飞结合他的博士论文撰写了相关内容，书中还包括陈海丰的博士论文以及王全华、蒋兴起、刘浩和周璇的硕士论文的主要内容。最后由袁大军统一修改，形成本书。

本书的主要内容是团队盾构切桩项目的研究成果，李兴高教授、丁洲祥副教授、乔国刚博士后等在项目研究中做了大量工作。在撰写本书过程中，团队成员博士研究生金大龙、吴俊、沈翔、王滕、毛家骅、王将，硕士研究生韦家昕、陆平、许亚楼、王小宇、高振峰、王旭阳等都参与了文献搜集、图表绘制、校稿等工作，特此致谢。本书的出版得到了国家重点基础研究发展计划（973 计划）"高水压越江海长大盾构隧道工程安全的基础研究"（2015CB57800）的资助，在此表示感谢。

　　盾构切削钢筋混凝土群桩是可能的，但"切桩有风险，切桩需谨慎"！若本书能为读者提供这方面的些许参考和借鉴，那将是我们莫大的荣幸。

2017 年 3 月 21 日

目　录

第1章 绪 论

盾构法是暗挖构筑地下工程的一种施工方法，它起源于欧洲，随着科技的不断进步，盾构法已成为地下工程中不可或缺的工法。盾构是英文"Shield"的中文翻译语，在我国台湾地区则翻译成"潜盾"，英文词根是"盾"或"盾牌"的意思。翻译成盾构，确实能更形象准确地表达其工程意义。盾构有两层含义，盾，象征与盾牌形状相近的盾构机的刀盘，且有支护开挖面之意；构，构筑隧道，是管片衬砌结构的意思。现今，盾构这个词已成为国内外地下工程界最常用的词。与之相近的是 TBM（tunnel boring machine），是隧道掘进机之意，泛指硬岩掘进机。在欧洲，有把盾构和 TBM 统称为 TBM 的习惯；但在亚洲，由于日本、我国等区域软土分布广、应用多，为区别软土和硬岩掘进模式的不同，强调软土"盾"的作用，一般将软土掘进构筑隧道的方法统称为盾构法，将硬岩掘进构筑隧道的方法统称为 TBM 法。

1.1 盾构的起源及发展

说起盾构，如今它已成为地下工程不可或缺的锐器，甚至是现代重大装备。自从火药发明以来，在岩石中构筑隧道技术迅速发展，但在软土中用暗挖的形式构筑隧道却几经失败，举步维艰。从世界盾构隧道发展历史来看，最早尝试在软土中构筑隧道的是 1804 年英国工程师 Trevithick 以及他的助手 Vasey。当时由于英国伦敦泰晤士河口附近有军港，无法架桥，过河须用渡船或迂回到河中部的桥，且渡船事故频发，如图 1.1.1 所示。Trevithick 首次提出了用隧道的方法穿越泰晤士河的方案。

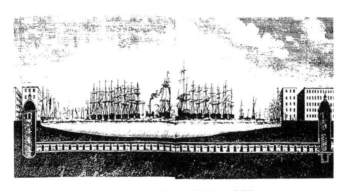

图 1.1.1 泰晤士河船运示意图

据史料记载，该方案是在泰晤士河两岸构筑深 25.3m 的竖井，从竖井开始进行穿越泰晤士河挖掘工作。第一步是施做先行导坑，高 1.7m，上部宽 0.75m，底部宽 1m，人工挖掘，掘进速度为 1.3～3.3m/d，18 个月掘进了 330m。掘进作业涌水不断，特别是作业受高潮的影响，水位上升，发生了两次塌方事故。另外，掘进方向的测定采用掘进一段后，用铁棒捅破导坑顶部露出水面，用岸上基准点进行角度测量的方法，这也成为导坑坍塌的直接诱因，最后工程被迫终止。之所以把这段写出来，是为了纪念那些在软土区域挑战构筑隧道的伟大先行者们。他们的勇气和探索精神值得我们永远学习、敬仰和铭记。

盾构技术的诞生实现了人类在软土中构筑隧道的梦想。关于盾构最初的探索最著名的应该是称作盾构鼻祖的法国工程师 Marc Isambard Brunel 于 1818 年发明的早期盾构技术，至今已有近 200 年的历史[1]。这个最初的盾构设计借鉴了 Trevithick 的失败经验，虽然也历尽磨难，但最终获得成功，图 1.1.2 是当时 Marc Isambard Brunel 申请专利的图片。虽然盾构技术今非昔比，发生了巨大的变化，但其原理与这台早期的盾构机的基本思想——在坚固的铁框架（strong iron frame）的保护下进行开挖和衬砌作业——别无两样。

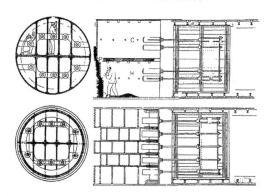

图 1.1.2　Marc Isambard Brunel 申请的盾构专利图

1823 年，Marc Isambard Brunel 的儿子 Isambard Kingdom Brunel 制定了穿越泰晤士河双线隧道方案，如图 1.1.3 所示。盾构由 12 个高 7.33m、宽 1m 的铸铁框架组合而成，每个又分为高 2.3m 的三个区域，每个区域由 36 人进行挖掘作业。盾构掘进由螺旋千斤顶提供反力，衬砌是在每个铸铁做成的框架上部用砖砌起来的。对于开挖面塌落的土砂，采用长 1m、宽 15cm 的挡板并用螺旋千斤顶顶住的方式来固定。

作业时，把一块或两块板取下进行开挖作业，以防止泄水和流土。当遇到流动性大的土时，在板上再加斜撑，以增加板对掌子面的支撑力。担任技术负责的主任工程师是 Isambard Kingdom Brunel。开工日期是 1825 年 3 月 2 日，直到 1826

年1月1日才将盾构机安装在竖井所定位置，掘进开始，这是个盾构工程界永远值得纪念的日子，因为这是世界上第一条用盾构技术建设的隧道。史料对其艰辛的过程有比较详细的记载，在这里与读者分享。

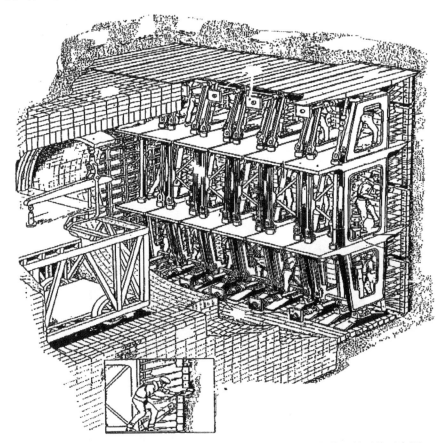

图 1.1.3 Isambard Kingdom Brunel 设计的在泰晤士河底施工的盾构示意图

隧道开始掘进还比较顺利，在掘进了 160m（1827 年 4 月 27 日）时，发生了掌子面可能塌落的险情，作业工人顺利逃生。而后第三周，发生泄水事故，虽然作业工人无险逃生，但隧道却浸泡在水中。在河底投入数千个沙袋，并在其上投入大量的砂砾后，才将塌落的开口部堵住。幸运的是，隧道内作为衬砌的砖墙完好无损，隧道内的水被抽干后，工程得以继续进行。但是，在继续掘进 200m 后，河床再次发生崩坍，隧道浸水，6 名作业人员死亡。抢险的方法与上次一样，向河底投入 4000t 土砂，但发现盾构机损坏，无法修复，工程被迫终止。7 年后，直到 1836 年 3 月，重 180t 的新盾构机制造出来，工程才得以继续。工程依然是在浸水、土砂流入等事故中艰难向前推进，1841 年 8 月才终于到达对岸，隧道贯通。隧道开始正式使用已是 1843 年 3 月，从 Marc Isambard Brunel 提出方案算起，经历了 20 年。这条隧道被命名为泰晤士河隧道（见图 1.1.4），至今还在使用。它是复线马蹄形隧道，外形宽 12.2m、高 7.45m。隧道中间设隔墙，隔墙为上部宽 1.15m、下部宽 1.3m，每线隧道内部高 5.3m、宽 4.5m，在两岸设置了人员出入楼梯。为表彰 Marc Isambard Brunel 的功绩，1841 年 3 月 24 日，英国维多利亚女王授予他爵士称号。在这里，应该再浓浓地写上一笔的是 Marc Isambard Brunel 的儿子 Isambard Kingdom Brunel，他作为主任工程师，协助父亲克服了无数困难，完成了父子共同的心愿。这也成为国际隧道界传颂的佳话，让我们再次向这对父子表示由衷的敬意！

1869 年，由英国工程师 Greathead 和德国工程师 Barlow 设计的穿越泰晤士河人行道隧道工程（见图 1.1.5）采用圆形盾构机，并将砖衬砌改为铸铁管片衬砌，该设计是在 Brunel 的基础之上进行多种改进而成的。

图 1.1.4 泰晤士河隧道

图 1.1.5 Greathead 和 Barlow 采用圆形盾构机修建泰晤士河第 2 条隧道

1886 年，Greathead 在南伦敦铁路隧道中，首次采用气压工法维持掌子面稳定（气压工法由 Cochrane 在 1830 年发明并申请了专利，后多次应用没能成功），管片在盾构壳体内拼装，以管片衬砌作为盾构前进的反力支撑，这些做法沿用至今。由于用气压维持掌子面稳定的方法存在诸多不便，被今天的闭胸式（1967 年泥水平衡盾构和 1974 年土压平衡盾构相继问世）所取代。所以，也有人把 Greathead 称为现代盾构之父。

在此基础上，盾构技术经过多次改良，在英国、法国、德国、美国、苏联以及日本得到了广泛的应用和发展。随着时代的进步和科学技术的发展，以现代盾构技术著称的泥水平衡盾构和土压平衡盾构，在开挖面稳定控制、掘进控制等方面都得到了极大的发展，使盾构技术发生了质的飞跃，这些技术在国内其他出版物中多有登载，业界已耳熟能详，这里就不再赘述。由于地下工程的复杂性及其环境的复杂性，对盾构本身要求也越来越高，盾构机作为集成了现代机械制造、计算机、材料、测量、通信、自动控制等技术的大型地下工程装备，在地下工程各个领域闪亮登场，成为了解决各类工程难题的利器。围绕盾构掘进技术、掌子面稳定和地层沉降控制技术以及管片衬砌技术三大要素的新技术、新成果不断涌现，盾构法已成为地下工程领域最前沿、自动化程度最高的代名词，是人类智慧百花园中灿烂的一朵！

总结起来，盾构技术的发展经历了四个阶段：第一阶段是以 Brunel 盾构为代表的初期盾构，第二阶段是以机械式、气压式为代表的第二代盾构，第三阶段是以闭胸式盾构（泥水式、土压式）为代表的第三代盾构，第四阶段是以安全、高速、大深度、多样化为特色的第四代盾构。

1.2 盾构技术在我国的应用

我国自 20 世纪 50 年代中期开始进行了多项盾构工程应用及设备研发。1956年，阜新市海州区露天煤矿采用直径 2.66m 的盾构机在砂土层中成功地开凿了一条流水巷道。1957 年，在北京市区的下水道工程建设中采用了直径 2.0m 及直径 2.6m 的盾构机。60 年代，为了修建北京地铁，以王梦恕院士为首的研究团队研制过直径 7.34m 网格式压缩混凝土盾构机，并成功进行了 180m 的掘进试验。1966年，上海隧道工程股份有限公司使用挤压网格式盾构机成功完成打浦路越江公路隧道（外径 10m，圆形盾构隧道长 1320m，隧道总长 2.7km），具有标志性意义。进入 80 年代，上海开始进行盾构隧道地铁试验工程。1987 年，上海南站过江电缆隧道工程成功使用了第一台直径 4.35m 的加泥式土压平衡盾构机，该技术获得 1990 年国家科学技术进步奖一等奖。进入 90 年代后，这种适合于上海软土的盾构形式在上海地铁 1 号线和 2 号线得到广泛应用[2]。我国幅员辽阔、地层条件复杂，盾构施工方法在之后广州地铁、北京地铁、南京地铁等地铁工程以及软硬不均地层、砂卵石地层等盾构掘进困难地层的成功应用，拓宽了盾构的应用范围，为后期在全国地铁范围内广泛应用发挥了示范作用。

截至 2016 年年底，我国仅大陆地区就有地铁运营线路 3168.7km[3]，其中的区间隧道绝大部分都是用盾构法修建的。共有 58 个城市的轨道交通网获批（含地方政府批复的 14 个城市），规划线路总长达 7305.3km，其盾构的使用量可想而知。不仅如此，盾构法在综合管廊、铁路隧道、公路隧道、电力隧道、通信隧道、引水和排水隧洞、地下人防通道等地下工程领域都发挥着越来越重要的作用。

在国家的大力扶持下，上海隧道工程股份有限公司、中铁隧道装备制造有限公司、中国铁建重工集团有限公司、北方重工集团有限公司、中交天河机械设备制造有限公司及辽宁三三重工等盾构制造厂家，相继在引进、消化、吸收国外先进技术的基础上，创新性地生产制造出有自主知识产权的盾构机，占领了我国大部分盾构机市场，甚至远销海外。国外品牌独占我国盾构机市场的历史一去不复返。我国正从盾构隧道大国朝着盾构隧道强国大步迈进！

1.3　盾构切削大直径钢筋混凝土桩问题的提出

2010 年，我们团队正在做苏州轨道交通 2 号线穿越房屋的项目研究，经常与管理及设计施工单位讨论盾构穿越问题。在一次讨论会上，提到了拆除广济桥问题。由于苏州轨道交通 2 号线石路站距广济桥仅 60m 左右，因此难以调整线路而只能从广济桥下穿过。图 1.3.1 是广济桥实景图，该桥位于市区主干道，上跨上塘河和上塘街，且紧邻繁华的石路大型商业圈和金阊区实验小学。当时的设计是拆除现有广济桥，盾构过后原址恢复修建新桥，而苏州市轨道交通集团有限公司的董朝文副总经理在会上提出，能否用盾构机直接切削桥桩穿越广济桥，这样不仅可以节省工程造价和不必要的浪费，而且可以减少对周边环境及游客的影响。这确实是一个大胆的设想，但在确保广济桥安全的条件下，使盾构机顺利切桩确实没有把握。按经验，采用托换技术人工破除桩是常规做法，但工期紧且周边环境复杂，无法实施。当时只是隐约记得听说过有盾构被动（不知有桩而切削）切削桩的，而且切的桩径较小（$\leqslant \phi 800$），切的根数也不多。广济桥可是要连续切削穿越 14 根 $\phi 1000 \sim \phi 1200$（主筋 $\phi 20 \sim \phi 22$）的钢筋混凝土桥桩，左、右线各需连续切削 7 根，而且是在富水粉砂和粉质黏土层中。抱着试试看的想法，我们开始了盾构切削大直径钢筋混凝土群桩的研究探索工作。图 1.3.2 是盾构与穿越桥桩位置及土层简图。

图 1.3.1　广济桥实景图

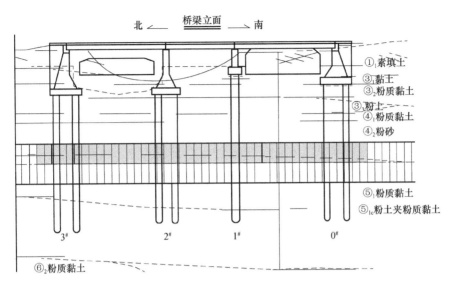

①₁素填土
③₁黏土
③₂粉质黏土
③₃粉土
④₁粉质黏土
④₂粉砂
⑤₁粉质黏土
⑤₁c粉土夹粉质黏土
⑥₂粉质黏土

图 1.3.2　盾构与穿越桥桩位置及土层简图

参 考 文 献

[1]　矢野信太郎. シールド工法[M]. 鹿島：鹿島研究所出版会，1981.

[2]　周文波. 盾构法隧道施工技术及应用[M]. 北京：中国建筑工业出版社，2004.

[3]　中国城市轨道交通协会. 城市轨道交通 2016 年度统计和分析报告[R]. 中国城市轨道交通协会信息，2017（1）.

第2章　盾构切桩工程案例

在城市建（构）筑物密集区域修建地铁盾构隧道时，由于隧道线路受限，盾构机正面遭遇钢筋混凝土桩基障碍物的情况时有发生[1,2]，考虑到常规盾构机基本不具备切桩能力，一般选择拆除原建（构）筑物、地面拔桩、开挖竖井后凿桩等传统方法[3~6]事先移除桩基。随着盾构技术的发展，在对现有盾构设备改进加强的基础上，近年来我国也出现了若干盾构切桩的工程案例[7~13]。相比传统方法，盾构切桩具有对周边环境影响小、成本低、工期短等优点，社会及经济效益显著。

目前，盾构切桩技术在国际范围内远未成熟，国外未见有切桩施工案例或切桩刀具研究的报道，国内虽有个别施工案例，但在相关文献中只是简单给出刀盘、刀具改造的具体措施，未对切桩效果和刀具损伤情况进行深入分析。研究手段方面，国内外均未见有关盾构切桩技术研究的系统性理论分析、现场试验或数值模拟，模型试验研究的文献也仅一篇[14]。

2.1　盾构切桩工程案例调研

在国际范围内通过各种渠道调研，均未见盾构切桩相关的详细报道，仅收集到日本的 11 个采用盾构机清除障碍物的简单介绍，具体情况如表 2.1.1 所示。其中，切削排水板材料所用盾构机如图 2.1.1 所示，此种盾构机仅适用于切削排水板材料，无法用于切桩。图 2.1.2 为镶嵌钻石刀的特制盾构机，其对刀具材料要求高，适用于切削钢管材料，无法兼用切削土体，且用于切削桩基时，钢筋和混凝土残渣过大无法顺利排出，无法直接应用于切桩工程。

图 2.1.1　切削排水板材料专用盾构机　　　图 2.1.2　镶嵌钻石刀的特制盾构机[15]

在国内经调研统计出 11 个盾构机成功穿越桩基的案例，这 11 个案例按切削桩基尺寸从大到小的顺序排列，如表 2.1.2 所示，图 2.1.3 为第 9 个工程案例中切削桩基排出的钢筋及盾构刀盘磨损情况。

表 2.1.1　日本清除障碍物案例统计表[16]

序号	工程案例	发包单位	盾构形式	盾构外径/m	总长/m	覆盖土层厚度/m	地质	障碍物名称	对策
1	芝浦干线之 7 工程	东京都下水道局	泥水式	7.70	994	14.5	淤泥、砂	残置桩（板桩）	由坑内拆除（气割）辅助工法：地基改良（药液注入）+气压
2	大阪市地铁 7 号线京桥盾构	大阪市交通局	泥水式	5.43	1544	10.7~29.5	黏土、砂质黏土	残置桩（H 型钢）	由坑内拆除（气割）辅助工法：地基改良（药液注入）+压气
								残置桩（PW 桩）	由坑内拆除（利用岩芯钻探切断）辅助工法：地基改良（药液注入）
3	太田干线之 1 工程	东京都下水道局	土压式	8.21	1416	17.5	黏性土	桩基（RC 桩）	由坑内拆除（人力凿除）辅助工法：地基改良（CJG）+砂浆置换桩
4	京叶都心线东越中岛隧道	日本铁道建设公团	土压式	7.35	981	3.5~12.5	淤泥	残置桩（板桩、H 型钢）	由坑内拆除（气割）辅助工法：地基改良（CJG）
5	第二千川干线	东京都下水道局	泥水式	6.70	1790	20.0	淤泥、砂质黏土	既有建（构）筑物	利用山岭隧道方式拆除辅助工法：地基改良（药液注入）+气压
6	东京国际机场铁路隧道	运输省	泥水式	7.15	1446	8.5~16.2	填土、黏性土	地基改良材料（排水板材料）	利用盾构机直接切断（利用带特殊切断装置的盾构机直接切断）
7	平野川水系街道下调整池工程	大阪市建设局	泥水式	11.23	625	22.5	黏土、砂、砂砾	桩基（混凝土灌注桩）	由坑内拆除（射水切断）辅助工法：地基改良（冻结）
8	第二千川干线之 4-2	东京都下水道局	土压式	4.43	1310	2.7~4.7	淤泥、砂	残置桩（松木桩）	利用盾构机直接切断

表 2.1.2　国内盾构机切削桩基案例统计表

序号	工程案例	施工单位	桩基尺寸 /mm	切桩数量/根	钢筋直径 /mm	所用盾构机	所用破桩刀具
1	沈阳地铁 1 号线 启工街站—保工街站 盾构切削穿越卫工桥桩基	中铁九局	ϕ1200 钻孔桩	3	20	日本小松土压、平衡式盾构机	未改进刀具，切刀
2	上海轨道交通 9 号线 七宝站—中春路站	中铁二局	ϕ1000 钻孔桩	5	32，28	日本小松土压、平衡式盾构机	未改进刀具，切刀
3	广州地铁 3 号线 大塘站—沥滘站 盾构切削居民楼桩基	中铁二局	ϕ500～ϕ800	30	20	德国海瑞克 ϕ6280 盾构机土压平衡式盾构机	未改进刀具，滚刀
4	广州地铁 3 号线 沥滘站—大石站 盾构切削居民楼桩基	广东省基础工程集团有限公司	ϕ500～ϕ800	19	20	日本三菱ϕ6260 型泥水平衡式盾构机	未改进刀具，滚刀
5	上海轨道交通 10 号线 5 标 盾构切削沙泾港桥桩基	上海市基础工程集团有限公司	方桩 400×400	33	18	日本三菱ϕ6340 土压平衡式盾构机	加装 1 套先行刀及 6 把贝壳刀
6	天津地铁 9 号线中山门西段 SZM 标盾构切削房屋桩基	天津城建集团	方桩 350×400	43	25，16	日本川崎重工 ϕ6340 土压平衡式盾构机	未改进刀具，切刀
7	上海轨道交通 7 号线北延伸段 L-2C 标 盾构切削厂房桩基	中铁十九局	方桩 350×350	10	16	日本小松 ϕ6340 土压平衡式盾构机	增加 65 把先行刀
8	上海轨道交通 9 号线 虹梅路站—桂林路站 盾构切削潘家桥桩基	上海隧道工程股份有限公司	方桩 300×350	10	18	日本三菱ϕ6340 土压平衡式盾构机	增加 44 把先行刀
9	上海轨道交通 9 号线 9-2A 标	中铁二局	方桩 300×300	8	32，28	国产 863 土压平衡式盾构机	未改进刀具，切刀
10	上海轨道交通 8 号线 IV 标 盾构切削住宅楼桩基	上海隧道工程股份有限公司	方桩 200×200	84	20，14	法国制造ϕ6340 土压平衡式盾构机	增加 53 把先行刀
11	上海轨道交通 10 号线 五角场站—江湾体育场站 盾构切削立交桥锚杆桩	上海市机械施工集团有限公司	ϕ180	2	22	ϕ6340 土压平衡式盾构机	未改进刀具，切刀

图 2.1.3　盾构切削桩基排出的钢筋及盾构刀盘磨损情况（上海轨道交通 9 号线 9-2A 标）

2.2　盾构切桩工程详例介绍

从表 2.1.2 中的 11 个案例中挑选出 6 个比较典型的案例进行详细介绍。

2.2.1　沈阳地铁 1 号线盾构切削桥梁桩基

1. 工程概况

沈阳地铁 1 号线启工街站—保工街站工程，盾构机掘进左线第 429 环时，刀盘扭矩出现从 40%到 90%的突变。之后掘进 430 环管片时刀盘扭矩继续增大，同时千斤顶推力增大，螺旋输送机出土时出现 ϕ20 及 ϕ8 钢筋，第 430 环推进共用 2 小时 40 分钟。完成第 430 环拼装后，盾构机掘进参数变回正常，无其他异常情况。后经调查，在盾构机推进方向上，有 3 根卫工桥的桥桩侵入隧道建筑界限。桥桩形式为钻孔灌注桩，桩直径 1200，桩长 26.8m。桩基础与隧道位置关系如图 2.2.1 所示。

2. 盾构切削桩基施工

为保证卫工桥结构安全，避免荷载引起桥桩下沉及隧道结构受损，影响工期，盾构机推进前对桥基础采用钢管支撑临时加固，盾构机通过后对桥基础采用桩基托换进行永久加固。推进过程中采取降低盾构推进速度和刀盘转速、控制推进土压、向地层注入膨润土降低盾壳摩擦力和总推力、增加同步注浆量、渣土改良等措施，减少盾构刀具磨损，保证盾构顺利通过并且对桥基础影响最小。

3. 经验和教训

该工程中，盾构机切桩过程的总推力逐环增加，切削完毕后推力发生回降，

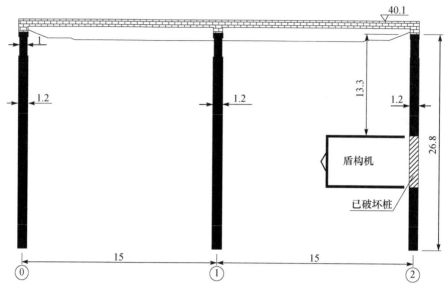

图 2.2.1　桩基础与隧道位置关系图（单位：m）

但比切桩之前有较大增加，而地质条件变化不大。由此判断，刀具有一定磨损，其周边刮刀和先行刀极有可能部分崩掉，使刀盘上合金刀具的开挖直径小于盾体直径，从而造成总推力不断增加。鉴于总推力距盾构机设计能力尚有余量，扭矩也有较大储备，且盾构机距进站不足 400m，因此决定暂不采取开仓措施，而是继续推进，增大膨润土和泡沫注入量，加强刀具润滑和冷却。

采取上述措施后，盾构机稳步推进，直至进站到达，推力和扭矩均无大的变化。进站后检查刀具发现中心刀局部崩裂，先行刀缺失 3 把，周边刮刀有部分崩刃，刀具平均磨损超过 12mm，刀盘未见过度磨损。

2.2.2　上海轨道交通 7 号线盾构切削工业厂房桩基

1. 工程概况

上海轨道交通 7 号线北延伸段陆翔路站—潘广路站盾构区间工程，设计线路穿越沪联路 725 号上海康盛商用设施制造有限公司工业厂房桩基。该工业厂房为 4 跨 1 层的钢结构工程，桩基为 4 根一组的立柱桩基础，每根桩由两节桩组成，每节长 9m，桩总长 18m。混凝土方桩尺寸 350mm×350mm，混凝土强度 C30。工程采用两台日本小松 ϕ6340 土压平衡盾构机推进，盾构机分别切削厂房南侧的 6 根桩基和厂房北侧的 4 根桩基，切割位置均在每根桩的下节中部，桩接头不在隧道断面内。厂房桩基与隧道位置关系如图 2.2.2 所示。

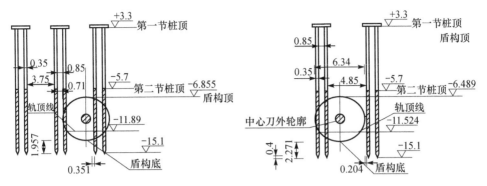

图 2.2.2　厂房桩基与隧道位置关系图（单位：m）

2. 盾构机改造

为使盾构机能顺利切削桩基，对盾构机的刀盘进行改造。原盾构机的标准切刀保持不变，在盾构机刀盘上新增加 65 把先行刀，先行刀为贝壳刀。在切桩范围内先行刀以等距布置为主，先行刀的高度按大于标准切刀 15mm 制作。

3. 盾构切削桩基施工

（1）放慢推进速度。当盾构机距离桩基 10m 左右时，推进速度控制在 10～20mm/min（主要是防止桩基位移）；当盾构机距离桩基 2m 左右时，推进速度控制在 5～10mm/min；在切削桩基的过程中，推进速度控制在 5mm/min 以内。

（2）同步注浆控制。根据地面、建筑物沉降变形情况，每环的压浆量为建筑空隙的 200%～250%，即每推进一环同步注浆量为 3.3～4.2m^3，注浆压力应控制在 0.3MPa 左右。

（3）盾构机姿态控制。在确保盾构机正面沉降控制良好的情况下，使盾构机均衡匀速施工。盾构机姿态变化不可过大，每环检查管片的超前量，隧道轴线和折角变化不能超过 0.4%。

（4）刀盘正面土体改良。为确保盾构机正常出土，必要时可在盾构机的刀盘正面压注膨润土或泡沫剂来改善开挖面土体的和易性，从而降低刀盘扭矩，保证盾构机穿越时有均衡的推进速度，同时改良土仓内土体，有利于桩体碎块从螺旋机内顺利排出。

（5）盾构机穿越桩基后的工作。盾构机盾尾脱出桩基区域后，需要对该区域段隧道进行二次补压浆。通过二次补压浆使隧道与加固区域的间隙得到及时补充，进一步确保该区域地面沉降得到控制。

4. 经验和教训

（1）原盾构机的标准切刀保持不变，在盾构刀盘上新增加 65 把先行刀，先行刀以等距布置为主，先行刀的高度大于标准切刀 15mm。

（2）盾构机穿越桩基过程中，刀盘切削桩基后，破碎的混凝土和钢筋、桩帽等容易堵塞螺旋机出土口，表现为螺旋机出口压力过大，导致螺旋机出土不畅无法继续推进。此时应停止推进，采取螺旋机正、反交替运行，同时将堵塞的混凝土及钢筋进行清除。

（3）盾构切削桩基过程中，应重点对推进速度进行控制，使盾构机刀盘对钢筋混凝土桩基进行充分切削，同时应密切关注刀盘扭矩和总推力的变化情况，如果刀盘扭矩迅速增大，甚至瞬间超过额定扭矩，停止推进同时使刀盘进行正、反转，直至刀盘扭矩降低至正常数值再行推进。

（4）该工程采取了一系列施工控制措施，最后盾构机安全切削钢筋混凝土桩基，节约工期约 3 个月，避免了厂房搬迁，有效控制了工程成本，取得了较好的社会效益。

2.2.3 上海轨道交通 10 号线盾构切削简支梁桥桩基

1. 工程概况

上海轨道交通 10 号线溧阳路站—曲阳路站区间隧道将从城区主干道上的沙径港桥的桩基中穿越。该桥共设置桥台、桥墩各 2 座，桥墩采用 23 根 400mm×400mm 的钢筋混凝土方桩作为基础，桩长 26m，桥台采用 14 根 400mm×400mm 的钢筋混凝土方桩作为基础，长 27m。桩基主筋为 $\phi18$，混凝土强度等级为 C25。工程采用 $\phi6340$ 土压平衡式盾构机施工，共需切削 33 根桩基，切削位置在桩的中部。对桥墩及桥台实施托换施工，同时对形成障碍物的桩基实施切削。

2. 盾构机改造

（1）在刀盘面板上加装 1 套先行刀及 6 把贝壳刀，以提高盾构机破碎混凝土及钢筋的能力。

（2）盾构机推进系统增加微动功能，以满足盾构机超低速（5mm/min）掘进施工的要求。

（3）对刀盘及刀盘驱动系统、推进系统、螺旋机系统、人行闸等主要系统进行彻底保养和深度检查，确保各系统功能正常，以有效应对施工过程中可能发生的气压法施工及盾构切桩等工况；对各系统主要部件准备充足的备件满足有关零部件损坏时及时更换的需要。

（4）在盾构土仓选择合理部位设置观察孔，使施工人员在人行闸门开启之前能够充分掌握土仓中的情况，确保施工安全。

（5）土仓内螺旋输送机头部特殊处理装置，以应对可能会碰到的断桩及钢筋等。

3. 盾构切削桩基施工

（1）盾构机推进至刀盘切口靠近桥外侧 6.3m 加固土体后停止推进，组织专人对盾构机进行全面检查，保证盾构机穿桩过程中无机械故障。

（2）盾构机穿越桥梁外侧 6.3m 加固区过程中放慢推进速度并逐步卸除土压。实际施工过程中推进速度由 4cm/min 下调至 1cm/min，土压由之前的 0.2MPa 左右逐步下调至 0.1MPa。

（3）根据桥桩坐标及盾构切口里程精确判断切口遇桩时盾构机的位置，此时进一步下调推进速度，并根据刀盘扭矩调整正面土压力设定值。实际施工过程中，将推进速度下调至 0.5cm/min，土压基本保持在 0.12～0.7MPa。

（4）盾构机完全穿越桥桩且切口通过桥梁外侧 6.3m 加固区后及时上调土压，恢复至 0.2MPa 左右，并根据监测数据进行调整，防止地面下沉。

（5）盾构机开挖时控制出土量，切削时进行同步注浆，严格控制浆液的量和配合比。

（6）在整个施工过程中对桥面进行施工监测，在沙泾港桥桥面上设置沉降观测点，关注桥面沉降的各点随时间变化情况，以便及时发现问题。

4. 经验和教训

（1）该工程在盾构过桩过程中曾发生 3 次螺旋机被钢筋卡住的情况，后来通过正反扭转螺旋机并适当提高液压油压恢复正常推进。

（2）从盾构机进洞后的刀盘磨损情况看，刀盘上刀体都有一定程度的损坏，特别是 6 把贝壳刀磨损严重，故贝壳刀数量应适当增加，分散每把刀的磨损量，减小刀体损坏，提高持续切桩能力。

（3）类似工程应事先调整盾构平、纵曲线以使盾构机中心刀避开接桩桩帽。

（4）在前期盾构筹划时，应将进洞车站选择在距所需穿桩近的一侧，以避免盾构机在穿桩过程中刀盘损失过多而影响后续掘进作业。

（5）桥梁上方机动车辆行驶时产生的振动对联通管监测影响较大，若有条件可考虑适当限载。

（6）在完成穿桩作业后应对盾构机各部件（尤其是螺旋机）做全面检修，及时更换、修理受损部件。

2.2.4 天津地铁9号线盾构被动切削房屋桩基

1. 工程概况

天津地铁 9 号线中山门西段 SZM 标盾构区间在穿越房屋施工过程中，由于房屋基础实际情况与原设计资料不一致，在事前不知有桩的情况下，盾构机直接切削 43 根房屋桩基，切割位置在桩的下部。蝶桥公寓 1#楼为 1977 年所建，5 层砖结构楼房，原设计为浅埋条形基础，盾构推进施工发现异常情况后，经详细调查并结合现场刨验试验，发现该楼房实际基础与原设计基础不一致，楼房基础实际为混凝土预制方桩，桩尺寸为 350mm×400mm，桩长 8.4~8.5m。

2. 盾构切削桩基施工

盾构机刀盘开始进入蝶桥公寓 1#楼时，盾构机扭矩短时间内出现跳跃性变化，持续 4~5min 后正常。后又出现扭矩明显增大且呈跳跃性变化的情况，瞬时扭矩达 3200kN·m。此时，螺旋输送机压力明显增大后彻底卡死。经多次反复加压正反扭转，才恢复正常。后在出土口位置发现直径约 100mm 的混凝土块和 φ16 的螺纹钢筋及 φ6 的圆筋，此时螺旋输送机彻底被卡死，打开螺旋输送机预留孔并检查，发现螺旋输送机叶片有明显的刻痕，经反复加压正反扭转，螺旋输送机恢复正常，螺旋输送机排出的钢筋照片如图 2.2.3 所示。

（a）大部分钢筋是被拉断的　　　　　　（b）少部分钢筋是被切断的

图 2.2.3　螺旋输送机排出的钢筋

3. 经验和教训

（1）盾构机刀盘产生不均匀变形，刀盘与前盾最小开口约 24mm，最大开口约 53mm。

（2）齿刀、辅助刀、保护刀受到不同程度的损坏。整个刀盘外侧 8 把齿形刀整体刀座开焊、变形，4 把保护刀脱落丢失，26 把刀具硬质合金脱落。

（3）刀盘中心旋转接头泄油。

（4）钢筋对螺旋输送机叶片及壳体造成局部过量磨损。

可见，由于该工程被动切桩而未对盾构机进行改造，盾构机穿越切削桩基后损伤较为严重。以后类似工程中，在盾构切削穿越桩基之前对盾构刀盘、刀具和螺旋输送机等部位进行改造是十分必要的。

2.2.5　上海轨道交通 9 号线盾构切削简支梁桥桩基

1. 工程概况

上海轨道交通 9 号线一期工程虹梅路站—桂林路站区间隧道上行线须穿越宜山路西上澳塘港桥（潘家桥）。潘家桥南侧桥梁改建需拔出桩基 14 根，其中，在盾构隧道推进范围内的桩基为 10 根。因工期安排及施工场地限制，考虑南侧桩基不予拔出，而采用盾构机直接切削潘家桥老桥桩基的方式从潘家桥南侧穿越。根据老桥设计资料和隧道中心设计资料，盾构机所切削到的 10 根桩均在每根桩的下节中部位置，桩接头不在隧道断面内。桩截面为 30cm×35cm，混凝土强度为 C30。

2. 盾构机改造

本区间隧道采用三菱盾构机进行施工，为切削宜山路潘家桥南侧桩基，对盾构机刀盘进行相应改造。原盾构机的标准切刀保持不变，在盾构机刀盘上新增加先行刀 44 把，新制先行刀由底板、刀座、刀片 1 和刀片 2 组成。在 $R700\sim R3175$ 内先行刀以等距布置为主，先行刀的高度按大于标准割刀 10mm 制作。

3. 盾构切削桩基施工

（1）在潘家桥北侧桥梁改建完成后，开放交通，进行南侧桥梁的围场，将南侧桥梁人行道、栏杆、板梁拆除。

（2）将南侧桥梁断开的盖梁保留至盾构切削桩基穿越潘家桥后再凿除，以增加桩基排架的抵抗力，有利于盾构切削桩基。

（3）布置测点，安装好测斜管，测好初值。

（4）盾构推进至潘家桥前 30 环降低速度，向桥梁靠拢；至切口距离桥台 A 轴 2m 时，推进速度控制在 0.5～1.0cm/min，缓慢推进，并做好同步注浆和二次注浆；至盾尾推离最后一排桥桩 15 环后，逐渐加快推进速度，转入正常推进。

（5）盾构穿越后，凿除需拆除的盖梁和桩基，开始桥梁钻孔、灌注桩等后续施工。

4. 经验和教训

在盾构机穿越桩基的过程中，可能出现因土层反力太小而导致刀盘无法将桩体切碎，桩体跟随盾构机在土体中前进甚至因钢筋缠绕在刀盘上导致桩体随刀盘一起转动，对土体造成严重的扰动，地面变形加剧，从而危及周边构（建）筑物和管线。

针对可能发生的上述情况，施工前应认真核对盾构机推进里程，计算出盾构机刀盘切削桩基的具体环数及千斤顶行程，在推进施工时密切关注总推力、刀盘扭矩等施工参数的变化情况，第一时间掌握前方土体变化情况，采取精确控制盾构施工参数、螺旋机正反扭转交替（防止发生堵塞现象）等相应措施，以保证切削效果。

由于施工参数控制得当，该工程隆沉数据保持在规定的范围内。盾构穿越时斜管最大监测值为 12mm，桥梁结构沉降监测点的最大单次隆沉为-2.0～1.5mm，最大累计隆沉为-6.5～2.3mm，该段地表隆沉也控制在-30～10mm。

2.2.6　广州地铁 3 号线盾构切削居民楼桩基

1. 工程概况

广州地铁 3 号线沥滘站—大石站盾构区间工程，采用日本三菱 6260 型泥水平衡式盾构施工，刀盘型式为滚刀与刮刀组合的复合式刀盘，刀盘直径 6260mm。该地段隧道上方有大量民居，其中，有三栋楼房的 19 根桩侵入左线隧道，均为钻孔灌注桩基础，其上部楼房为 3～4 层的钢筋混凝土框架结构，桩长 20～26m，桩径 500～800mm 不等，为单桩单柱基础。

2. 盾构切削桩基施工

1）掘进速度管理

当盾构机掘进至桩基础前 50cm 时，逐渐减慢掘进速度至不大于 10mm/min，边推进边密切注意盾构推力、扭矩和掘进速度的变化情况。当出现盾构推力变化不大而掘进速度突然降低的情况（盾构刀盘开始碰桩）时，应迅速调节盾构推力，使盾构机掘进速度降低至 2～3mm/min，以便将障碍物（桩基）尽可能磨碎以免堵塞环流系统排泥口或折断桩基。

2）切口土压力管理

根据土层和地下水位条件计算自然水压，按自然水压 0.02MPa 设定切口水压。在盾构机到达桩基础的前后以及过桩掘进的过程中，应尽量保持切口水压的平稳，使切口水压的波动控制在 3%以内，以尽量维护地层的稳定，降低对地表建筑物的影响。

3）注浆管理

为保证注浆的质量，要增加设备，采用同步注浆和管片注浆并行。在控制同步注浆压力小于 0.6MPa 的情况下应该尽量多注浆，以尽量填充壁后的空隙，从而减少地表沉降。当注浆填充量小于 110%时，采用二次补压双液注浆的措施，注浆范围为出盾尾后的第 3～5 环，并使最终注浆量到达甚至超过 130%充填率的要求。

4）泥浆性能管理

保证泥浆的各项性能指标达到要求，确保泥浆的质量，是保证盾构机安全通过桩基的关键。泥浆密度一般应为 1.15～1.25g/cm³，在盾构机穿过桩掘进的过程中可适当调高泥浆密度至 1.30g/cm³，这样既有利于在此处砂层形成泥膜，保持切削面稳定，又有利于携带出切削下来的混凝土块。

3. 经验和教训

（1）该工程隧道顶部上方是软弱地层，且被切桩基又是单桩单柱基础，为了保证房屋的绝对安全，在盾构机穿越之前对侵入隧道内的桩基进行了托换施工。

（2）由于隧道上方是软弱地层，被托换的桩上部土体侧面支撑力较小，盾构机掘进时如果推力过大、速度过快，有可能造成桩基未磨碎前折断形成"孤石"。"孤石"易滚动、难破碎，有可能造成盾构机无法继续前进。

（3）隧道上方土体具有高压缩性、低强度、灵敏度高的特点，因此，应最大限度地减少盾构机掘进对周围土层和桩基的扰动，以免造成过大的地面沉降。

2.3　调研案例与苏州工程切桩的比较分析

表 2.3.1 从六个方面将上述六个工程案例与苏州工程进行了对比分析，虽然这些切桩工程案例所处的地质环境和周边环境各异，所用的盾构机和被切削桩基也各不相同，但都通过对施工技术的有效控制或对盾构机刀盘、刀具的改造，使切桩工程取得了良好的实施效果：地表沉降值较小，房屋结构或桥梁结构安全，盾构自身也未出现较大问题，最终实现盾构机对桩基的安全切削。

表 2.3.1　六个工程案例与苏州工程切桩的比较分析

比较项目		沈阳地铁 1 号线盾构切削桥梁桩基	上海轨道交通 7 号线盾构切削厂房桩基	上海轨道交通 10 号线盾构切削沙泾港桥桩	天津地铁 9 号线盾构切削房屋桩基	上海轨道交通 9 号线盾构切削潘家桥桩基	广州地铁 3 号线盾构切削居民楼桩基	苏州轨道交通 2 号线盾构穿越广济桥桩基
地质和周边环境	地质情况	中粗砂、砾砂	淤泥质黏土	淤泥质黏土	粉质黏土	黏土	上软下硬复合地层	粉细砂、黏土
	周边环境	城市主干路，交通繁忙	民宅、工厂	城市主干路，交通繁忙、附近高楼多	街边居民楼	城市主干路，交通繁忙	珠江边的居民村	位于石路商圈，交通繁重

续表

比较项目		沈阳地铁1号线盾构切削桥梁桩基	上海轨道交通7号线盾构切削厂房桩基	上海轨道交通10号线盾构切削沙泾港桥桩	天津地铁9号线盾构切削房屋桩基	上海轨道交通9号线盾构切削潘家桥桩基	广州地铁3号线盾构切削居民楼桩基	苏州轨道交通2号线盾构穿越广济桥桩基
盾构切桩原因	原因分析	事先不知有桩	周围环境约束,无法地面拔桩	地面无拔桩条件,人工带压切桩危险	事先不知有桩	工期安排及施工场地限制	设计采用盾构切桩	拆除重建成本高、盾构直接切削技术可行
上部结构情况	结构形式	二跨简支梁桥	4跨1层钢结构	三跨简支梁桥	5层砖结构楼房	三跨简支梁桥	钢筋混凝土框架结构	三跨简支梁桥
	结构参数	30m (15+15)	长120m、宽96m	25m (6+13+6)	长64.8m、宽9.6m	19m (6.3+6.4+6.3)	3～4层	43m (16+11+16)
桩基自身情况	桩结构形式	钻孔灌注桩	立柱桩基础	钢筋混凝土方桩	混凝土预制方桩	钢筋混凝土方桩	钻孔灌注桩	钻孔灌注桩
	尺寸/mm	ϕ1200	350×350	400×400	350×400	300×350	ϕ500～ϕ800	ϕ1000、ϕ1200
	桩长/m	23	18(9+9)	26、27	8.4～8.5	28	20～26	34.5～38.5
	钢筋/mm	ϕ20	ϕ16	ϕ18	ϕ25、ϕ16	ϕ18	ϕ20	ϕ20、ϕ22
	混凝土等级	C25	C30	C25	C25	C30	C25	C25
盾构切桩情况	切桩方式	被动切削	主动切削	主动切削	被动切削	主动切削	主动切削	主动切削
	切桩根数/根	3	10	33	43	10	19	14
	切桩位置	刀盘全断面切削桩基中下部	刀盘全断面切削桩基中下部	刀盘全断面切削桩基中部	刀盘上部切削桩基中下部	刀盘全断面切削桩基中下部	刀盘全断面切削桩基中下部	刀盘全断面切削桩基中部
	所用盾构机	日本小松ϕ6340土压平衡式盾构机	日本小松ϕ6340土压平衡式盾构机	日本三菱ϕ6340土压平衡式盾构机	日本川崎ϕ6340土压平衡式盾构机	日本三菱ϕ6340土压平衡式盾构机	日本三菱ϕ6260泥水平衡式盾构机	日本小松ϕ6340土压平衡式盾构机
	切削刀具	未改进刀具,切刀	增加65把先行刀	加装1套先行刀及6把贝壳刀	未改进刀具,切刀	增加44把先行刀,切刀	未改进刀具,滚刀	待知
实施效果	上部结构和盾构情况如何	盾构机稳步推进,安全穿越桥桩,直至进站。刀具有一定磨损和崩落	隆沉数据在控制值内,未出现螺旋输送机堵塞等异常情况	最大沉降-1.3mm,螺旋机被卡住3次,通过正反扭转恢复正常	房屋只有几毫米沉降,房屋安全,因被动切削桩,盾构机损伤较严重	隆沉数据在规定范围内,盾构机顺利切削桩基,节约工期约2个月	98%的地表沉降在2cm内,房屋结构安全,盾构机安全穿越桩基	待知

　　被动切桩案例中,由于未针对切削钢筋混凝土桩基的情况对盾构机进行改造,导致刀具发生一定的磨损和崩落;主动切桩案例中,一般都采取增加先行

刀的方式改造盾构机，从而保证盾构机能够顺利穿越桩基，并满足后续掘进的需要。

　　苏州切桩工程所切钢筋混凝土桩基直径达到 1200mm，且需要连续切削 14根桩基，与国内已有切桩工程案例相比难度较大，需要对切桩过程中的每个细节都进行严谨的设计和论证。

2.4　本 章 小 结

　　（1）在技术上，国内外已有多个盾构切削桩基的成功工程案例，盾构机切削广济桥桩基是可能的，已有工程经验可供借鉴。

　　（2）已有的工程案例均未对盾构切削钢筋混凝土桩基的切削机理进行系统性分析，也未对盾构机刀具的磨损模式进行研究，而这两方面的理论研究对切桩时盾构机的刀盘布置和刀具改造是十分必要的。

　　（3）在切削钢筋混凝土桩基之前，需要对盾构机的刀盘、刀具和螺旋输送机等进行改造，选择合理的切磨桩掘进参数进行推进，并针对切桩施工过程中可能遇到的问题和风险，制定好应急预案。

　　（4）需要对盾构施工过程中的其他辅助工法（包括同步注浆技术、渣土改良技术等）进行研究，从而充分保证切桩过程中上部结构、盾构机和管片衬砌的安全。

参 考 文 献

[1]　宋青君，王卫东，周健. 考虑地铁盾构隧道穿越影响的桩基和基坑支护设计[J]. 岩土工程学报，2010，32（增刊 2）：314-318.

[2]　朱逢斌，杨平，林水仙. 盾构隧道施工对邻近承载桩基影响研究[J]. 岩土力学，2010，31（2）：3894-3900.

[3]　Iwasaki Y, Watanabe H, Fukuda M, et al. Construction control for underpinning piles and their behaviour during excavation[J]. Géotechnique, 1994, 44（4）：681-689.

[4]　Meguid M, Mattar J. Investigation of tunnel-soil-pile interaction in cohesive soils[J]. Journal of Geotechnical and Geoenvironmental Engineer, 2009, 135（7）：973-979.

[5]　刘勇，何振华，李忠. 苏州轨道交通一号线盾构区间通过桥桩的方案设计[J]. 隧道建设，2007，27（3）：51-55.

[6]　徐前卫，朱合华，马险峰，等. 地铁盾构隧道穿越桥梁下方群桩基础的托换与除桩技术研究[J]. 岩土工程学报，2012，34（7）：1217-1226.

[7]　孟庆军. 成都地铁河中桥梁桩基托换施工技术[J]. 隧道建设，2011，31（1）：91-97.

[8] 张健. 地铁盾构隧道穿越桩基的凿除技术[J]. 中国市政工程，2006，4（122）：87-89.

[9] 刘建卫. 盾构穿越城市建（构）筑物桩基的施工技术研究[J]. 铁道标准设计，2010，（2）：113-118.

[10] 杨自华，钟志全. 泥水盾构穿越桩基础掘进施工[J]. 建筑机械化，2007，28（9）：51-53.

[11] 王虹，鞠世健. 盾构穿越建筑物桩基群的施工技术[J]. 广东建材，2006，（7）：71-73.

[12] 傅德明，李毕华，马忠政. 软土盾构直接切削钢筋混凝土桩基施工技术[J]. 中国市政工程，2010，（4）：46-48.

[13] 符敏. 盾构穿越厂房切削钢筋混凝土桩基施工技术[J]. 建筑机械，2010，（13）：90-92.

[14] 滕丽. 盾构穿越地下障碍物的试验研究[J]. 建筑机械化，2011，32（10）：89-91.

[15] シールド工法技術協会. 多様化するシールド掘進技術[M]. 東京：土木工学社，2006.

[16] 日本地盤工学会. 盾构法的调查·设计·施工[M]. 牛清山等译. 北京：中国建筑工业出版社，2008.

第3章 盾构的刀盘、刀具与切削（掘削）

3.1 盾构的刀盘与刀具

3.1.1 刀盘

1）刀盘型式

刀盘是由钢板焊成的钢结构构件，一般为圆形，其上安装有刀具，并有一定尺寸和形状的开口。一般认为，刀盘主要有开挖功能、稳定功能、搅拌功能以及控制出渣功能。

刀盘的结构按照工程地质条件和工程施工控制要求分为面板式和辐条式两大类型，也有介于二者之间的刀盘形式，即辐板式结构（由辐条和辐板组成）。

面板式刀盘一般为焊接箱形结构，其上设置刀座、刀具、开口、添加剂注入口及与主轴承连接部件，刀盘开口率较小，在30%左右。

辐条式刀盘主要由轮缘、辐条及布设在辐条上的刀具组成。刀具布置在辐条的两侧，一般较难布置滚刀。刀盘开口率很大，为60%~95%，属开敞式。

辐板式刀盘兼有面板式刀盘和辐条式刀盘的特点，由较宽的辐条和小块辐板组成，切刀和滚刀分别布置在宽辐条的两侧和内部，开口率为35%~50%。

不同的刀盘型式在土仓构造、开挖面稳定、土压保持、砂土的流进性、刀盘负荷和扭矩及检查换刀等方面存在较大的差异。

2）刀盘扭矩

盾构机刀盘的扭矩不仅与土体的性质有关，还与盾构机类型（土压平衡式盾构机相对于泥水平衡式盾构机的刀盘扭矩大得多）、刀盘尺寸、刀盘样式等有关。

刀盘扭矩通常参照文献[1]建议的土压平衡盾构刀盘扭矩经验计算公式：

$$T=\alpha D^3 \tag{3.1.1}$$

式中，T 为刀盘装备总扭矩；D 为刀盘外径；α 为扭矩系数，$\alpha=\alpha_1\alpha_2\alpha_0$。

α_1 为支承系数，由刀盘支撑方式决定。对于中心支承式刀盘，$\alpha_1=0.8\sim1$；对于中间支承式刀盘，$\alpha_1=0.9\sim1.2$；对于外周支承式刀盘，$\alpha_1=1.1\sim1.4$。α_2 为土质系数，对于密实土、泥岩，$\alpha_2=0.8\sim1$；对于固结粉砂、黏土，$\alpha_2=0.8\sim0.9$；对于松散砂，$\alpha_2=0.7\sim0.8$；对于粉砂土，$\alpha_2=0.6\sim0.7$。α_0 为稳定切削扭矩系数，对于土压式平衡式盾构机，$\alpha_0=14\sim23\text{kN/m}^2$；对于泥水平衡式盾构机，$\alpha_0=9\sim$

$18kN/m^2$。

3）刀盘推力

盾构机在推进的过程中，承受着来自开挖面和盾壳周围土水压力的共同作用，盾构刀盘的总推力必须大于各种推进阻力的总和，这样才能保证盾构机的正常推进作业，这也是盾构推力的设计原则。

盾构机的装备推力需要在设计推力的基础上乘以相应的安全系数[2]：

$$F_e = AF_d \qquad\qquad (3.1.2)$$

式中，F_e 为装备推力；A 为安全系数，一般取 $3\sim4$；F_d 为设计推力。

在实际设计与施工中，盾构机的装备推力一般采用如下经验公式[3] 计算：

$$F_e = \frac{1}{4}\pi D^2 P_j \qquad\qquad (3.1.3)$$

式中，P_j 为单位切削断面上的经验推力，取值为 $700\sim1200kN/m^2$；D 为刀盘本体直径。

3.1.2　刀具

刀具是盾构机的重要部件，盾构施工时，刀具通过刀盘的旋转对掌子面土体进行切削以达到开挖的目的。根据掌子面地层的不同强度和地质特点，以及刀具在不同地层的破岩机理，设计和选择合适的刀具组合。盾构机刀具按破岩机理一般可划分为两大体系：滚刀和切削刀，如图 3.1.1 所示。

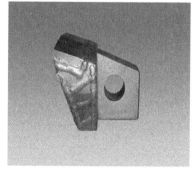

（a）滚刀　　　　　　　　　　　（b）切削刀

图 3.1.1　两大盾构刀具型式

3.2　盾构切刀切削

3.2.1　切刀的种类及功能

切削式刀具的刀头种类主要有刮刀、先行刀、鱼尾刀、盘形贝型刀、周边刮刀和仿形刀等。切削刀可应用于辐条式和面板式刀盘，布置在刀盘开口或辐条的两侧，主要适用于软黏土、砂土以及砂卵石地层的盾构隧道开挖，主要刀具形状及作用如下。

1）刮刀

刮刀适用于软土及泥岩地层，布置在刀盘开口两侧，是盾构机常用的切削刀具。其参数设计、材料工艺选择对盾构掘进有重要意义，刮刀形式及几何参数定义如图 3.2.1 所示。

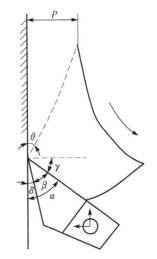

（1）前刃面：切削层流过的刀具表面。

（2）后刃面：土壤和岩石新破碎面所面对的刀具表面。

（3）前角 γ：刀具前刃面和通过主刀刃而垂直于切削面的平面之间的夹角。

（4）后角 δ：刀具后刃面与切削面之间的夹角。

（5）切削角 α：刀具前刃面与切削面之间的夹角。

图 3.2.1　刀具几何参数定义

（6）刃角 β：刀具前刃面与后刃面之间的夹角。

刮刀切削性能与地层性质密切相关，其影响参数及要素包括前角、后角、刀刃截面尺寸、合金硬度、抗弯强度、合金和刀体连接工艺（热镶或中、低频焊接）等。

2）先行刀（超前刀）

先行刀布置在面板和辐条上、刮刀切削轨迹之间，先行刀通常比刮刀高 40～50mm，不起直接切削作用。先行刀在设计中主要考虑与刮刀组合协同工作。先行刀断面一般较小，刀具切削土体时，先行刀可在刮刀之前先行切削土体，将土体切割分块并疏松，增加切削土体的流动性，从而大大降低刮刀的扭矩，提高刀具切削效率，减少对刮刀的磨耗，为刮刀创造良好的切削条件。

3）鱼尾刀

鱼尾刀安装在盾构机刀盘中心，通常用于砂卵石地层或强度较高的黏土地层，尺寸较大，一般长 1200～1500mm，高 400～500mm，高出刮刀 200～300mm，用于先行切削刀盘中心部位土体，可改善中心部位土体的流动性，防止刀盘中心结泥饼，同时减小其他刮刀切削阻力，降低刀具磨损。

4）盘形贝型刀

盘形贝型刀可视为周边先行刀，用于周边为直角形式的刀盘上，其切削外径稍大于盾体外径，可以减小盾构机推进阻力，防止刀盘磨损。同时，可以清理刀盘底部土渣，提高掘进效率，尤其对砂卵石地层有极其重要的意义。

5）周边刮刀

周边刮刀用于周边为弧形或折角形式刀盘，涵盖盘形贝型刀的作用，同时参与直接切削，在岩石地层中可用于刮渣，不足之处在于易磨损失效。

6）仿形刀

仿形刀置于刀盘辐条内，由液压油缸控制行程，普通地段不工作，曲线施工时，刀头伸出进行超挖，营造出曲线段掘进、转弯或者纠偏所需空间，在保证盾构机对周围土体干扰较小的条件下，达到仿形切削的目的。

3.2.2 切削机理

刮刀的基本切削过程[4~8]是：刮刀通过刀刃的切削作用和前刃面的推挤作用使被开挖土体产生应力与变形。其中，刀刃的切削作用使切削层土体的应力超过土体的强度，使切削层土体沿刀刃方向产生分离。前刃面的推挤作用使已分离的土体产生变形而与母体分离形成土屑，土屑再随刮刀正面进入开口。

刮刀切削时渣土破坏形态与地层性质，刀具参数前、后角，切削厚度等有关，已有学者将常见的渣土流动破坏形态与刮刀切削机理相对应，概括为四种：①流水型切削；②剪切型切削；③断裂型切削；④剥落型切削，具体如图 3.2.2 所示。

（a）流水型切削　　（b）剪切型切削　　（c）断裂型切削　　（d）剥落型切削

图 3.2.2　四种流动破坏形态

流水型切削主要发生在淤泥地层，富水黏土、粉土地层及粉细砂地层，地层强度低。随刮刀的运动，土体从刀刃起产生连续的剪切变形，渣土沿刀具前刃面连续流动。

剪切型切削主要发生在强度相对较高的黏土、粉土地层，刀具前角减小会加大这种趋势，由于地层强度相对较高，切削时土体先产生压缩变形，进而从刀刃起沿某平面产生剪切变形并破坏脱落。

断裂型切削为剪切型切削的进一步发展形态，发生在含水量小、强度更高的黏土、粉土地层及充填较好、胶结强度高的砾砂地层。切削时土体先产生压缩变形并保持一定的稳定，随着切削进行，土体在刀刃处产生裂纹并破坏，形成的渣土呈小块状。

剥落型切削发生在普通砾砂和砂卵石地层，土体黏聚力小，颗粒粒径大，刀具较少进行真正意义上的切削，而是将颗粒从原始地层中剥离出来，故刀刃合金易崩裂。

日本学者在研究刮刀切削机理的基础上，采用理论方法推导刮刀切削力计算理论模型[6,8]。刮刀在切削时，刀具通常做两个方向的运动：一个是沿开挖面的运动，它起着分离岩土的作用；另一个是切入开挖面的运动，它改变切屑的厚度，如图 3.2.3 所示。

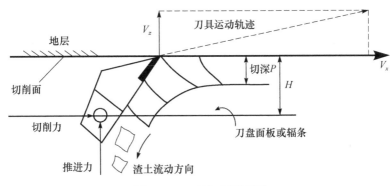

图 3.2.3 刀具切削原理图

3.2.3 刀具磨损

刮刀的磨损与地层性质、渣土流动形态、刀具参数、掘进参数均相关，分析刀具磨损过程并提出磨损机理，在此基础上总结不同地层下合理刮刀参数和掘进参数对降低刮刀磨损有重要意义。

刮刀磨损模式分为正常磨损和非正常磨损。在淤泥、黏土、粉土地层中，刀具磨损主要表现为正常磨损，土体表现为流水型和剪切型破坏，刮刀正常磨损过程如图 3.2.4（a）所示。磨损线为平缓弧状，随着磨损发展，刀刃越来越钝，并逐渐伤及刀体，在该类地层切削可采用较大前角和较小后角的刮刀、刀盘相对高的转速、减小推进阻力和推进扭矩等措施提高效率。正常磨损通常发展较慢，对刀具损耗较小。

在粉细砂地层掘进，刮刀也主要表现为正常磨损[见图 3.2.4（b）]，但由于石英含量较高，刮刀后刃面的二次磨损较严重。后刃面的二次磨损在砾砂和砂卵石地层表现更为突出，严重时会导致刀刃嵌固深度不足，合金脱落。

砾砂和砂卵石地层的颗粒粒径大、强度高，土体主要为断裂型破坏和剥落型破坏，刀具表现更多的是非正常磨损，包括未切削地层和土仓渣土对刀具的二次磨损、刀具剥落卵石或砾石时造成的合金崩裂[见图 3.2.4（c）]，以及卵石坠落时对合金的冲击破坏[见图 3.2.4（d）]。在该类地层中掘进时，应尽可能形成剥落型切削，尽量避免刀具直接切削地层所导致的刀刃与卵石正面冲击，刀具设计时减小前角，增大合金截面尺寸，头部避免过于尖锐，增强抗冲击能力。同时，应充分发挥先行刀的作用，有效减小刀具受力，减低刀具非正常磨损的概率，延长刀具寿命。

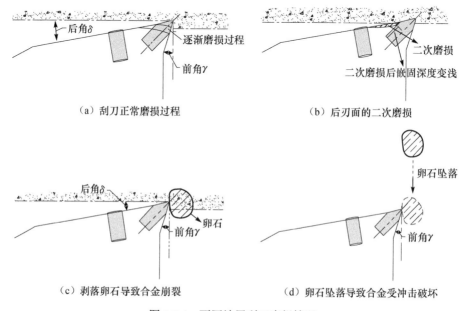

（a）刮刀正常磨损过程　　　　　　　（b）后刃面的二次磨损

（c）剥落卵石导致合金崩裂　　　　　（d）卵石坠落导致合金受冲击破坏

图 3.2.4　不同地层刮刀磨损情况

根据上述分析，总结刀具磨损机理如下：刀具磨损是刀具在切削土体过程中发生的正常磨损和非正常磨损的总和，正常磨损为刀刃与土体摩擦造成金属原子或晶体逐步流失以及刀刃变短变钝的过程；非正常磨损为刀具切削过程中碰撞、冲击导致的刀刃块状缺损及刀体磨损、刀刃与刀体界面连接强度不足导致的刀刃整体脱落。

刀具正常磨损包括两部分：一是刀刃直接切削土体引起的磨损，主要造成刀刃变短、变平，直接影响切削效果；二是渣土流动对刀具的磨损，刀刃、刀体、刀座甚至刀盘面板的磨损均来源于此。两部分磨损中，刀刃直接切削土体引起的磨损是主要的，但在砂砾地层中，二次磨损及卵石冲击引起刀刃硬质合金崩裂非常严重，应给予足够重视。

刀具磨损计算公式[9] 如下：

$$\delta = \frac{LK_m n\pi D}{V} \tag{3.2.1}$$

式中，δ 为刀具磨损量，mm；L 为掘进距离，km；K_m 为同轨迹布置 m 把刀时的刀具综合磨损系数，10^{-3}mm/km；D 为刀具挖掘外径，m；n 为刀盘转速，r/h；V 为推进速度，mm/min。

同一条切削轨迹布置 m 把刀与仅布置 1 把刀，其磨损系数的关系为

$$K_m = km^{-0.333} \tag{3.2.2}$$

刮刀正常磨损时的磨损系数 k 如表 3.2.1 所示。

表 3.2.1　刮刀正常磨损时的磨损系数　　　（单位：$\times 10^{-3}$mm/km）

地层	土压平衡		泥水平衡	
	有先行刀保护	无先行刀保护	有先行刀保护	无先行刀保护
黏性土/淤泥	5	10	2	4
砂质黏土	15	30	7	14
砂卵石	25	50	16	32
卵石	40	60	40	60

3.3　盾构滚刀掘削

3.3.1　滚刀的种类及功能

盘形滚刀是全断面硬岩掘进机破岩的主要刀具，通过其与岩石直接接触碾压破岩。最先在掘进机上使用盘形滚刀的是美国罗宾斯公司，与初期的切割刀相比，盘形滚刀具有破岩效率高、比能低和刀具磨损量小的特点。在地质条件复杂多变、岩石与一般土体交错频繁出现的复合地层，常用滚刀和切削刀相结合的刀具配置形式，即采用复合式盾构，既满足破岩要求，又可以切削土体。

盘形滚刀由刀轴、刀体、轴承、刀圈、挡圈、密封等部件组成。刀圈是滚刀的关键构件，刀圈应具备较高的机械强度，以及良好的耐磨性和冲击韧性。按照刀圈数量的不同，盘形滚刀可分为单刃滚刀、双刃滚刀和多刃滚刀；按照在刀盘上的安装位置不同，可分为中心滚刀、正面滚刀和边滚刀。

单刃滚刀在滚动中通过其周边合金耐磨圈对前方岩层进行滚动挤压，使岩层产生剥裂，一般用于抗压强度较大的岩层中的掘进施工，特别是在全断面硬岩地质环境下，刀盘多采用全断面单刃滚刀布置。双刃滚刀通常位于刀盘中心位置及周边位置，由于刀盘在旋转切削土体过程中，中心及周边位置的刀具磨损量往往较大，因此可以通过安装双刃滚刀减少磨损。三刃及四刃滚刀只用于刀盘中心，以适应刀盘中心小半径旋转。

3.3.2　掘削机理

　　滚刀在盾构机推力的作用下紧压岩面,随着刀盘的旋转,滚刀绕刀盘中心轴旋转的同时绕自身轴线自转,岩面被碾出一系列的同心圆,利用滚刀的楔块作用,当岩石受力超过极限时,两个同心圆之间的岩石裂缝贯通,岩片剥落,从而完成滚刀破岩过程,具体过程如图 3.3.1 所示。

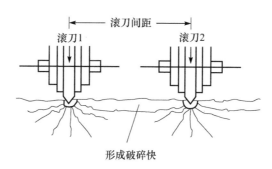

图 3.3.1　滚刀破岩示意图

3.3.3　刀具磨损

　　滚刀的磨损分为正常磨损和非正常磨损两类,当滚刀在不同的地层使用时,其磨损方式不尽相同。滚刀的正常磨损是指刀圈刃口宽度超过规定值 20mm 的均匀磨损,是刀具失效的主要形式,主要发生在相对比较单一、均匀的地层中。非正常磨损主要有刀圈偏磨、刀圈崩裂、刀圈卷边、刀圈移位等。复合式盾构中,软土环境里滚刀易发生偏磨,在地层突然变硬的过程中刀圈易崩裂。

3.4　刀盘选型原则与切削刀具的配置原理

3.4.1　刀盘选型原则

　　根据刀盘的常见型式和设计要求,结合具体的施工条件以及刀具选择等因素,刀盘选型应遵循以下原则:
　　(1)地层适用性。地层稳定性好、强度较高时尽量加大开口率,保证出土顺畅,减小刀具二次磨损,可选择辐条式刀盘;地层稳定性差、强度较低时可采用开口率相对较小的面板式或辐条面板式刀盘,刀盘起辅助开挖面稳定作用。
　　(2)盾构工法适用性。泥水平衡盾构机对刀盘起辅助开挖面稳定作用要求较高,同时需配置开口率较小的盾构刀盘,宜采用面板式或辐板式刀盘。土压平衡盾构采用辐条式刀盘时,切削下来的土体直接进入土仓,没有压力损失,土、砂流动顺畅，土压平衡容易控制，因此辐条式刀盘对砂、土等单一软土地层的适应性比面板式刀盘强。

（3）刀具配置适用性。刀盘的辐条和面板规格尺寸需满足布刀要求，通常复合刀盘需安装滚刀刀箱，要求辐条粗大、面板强度高，宜采用面板式或辐板式刀盘。而对于安装切削型刀具就可以完成掘进的情况，不需要刀箱结构，因此选用辐条式刀盘就可以满足要求。当一次掘进里程过长必须进舱换刀时，出于安全角度考虑，可以采用面板式或辐板式刀盘（面板式的止土效果好，比辐条式安全）。

（4）除上述因素外，刀盘的重量和经济性也是刀盘选型时需要考虑的因素。

根据上述对比及叙述，针对不同地层的刀盘结构型式选择如表 3.4.1 所示。

表 3.4.1　不同地层刀盘结构型式选择

刀盘型式	开口率/%	适应地层	备注
无刀盘开敞式	—	单一砂卵石、漂石地层	区间含黏土类地层，开挖面稳定不易控制时谨慎采用
辐条式	60～70	砂卵石地层、无水黏土地层	当卵石最大粒径超过螺旋输送机排渣能力时谨慎采用
辐板式	25～45	复合地层、普通黏土-砾砂地层	应用范围最广泛，土压平衡盾构和泥水平衡盾构均采用
面板式	10～20	富水淤泥地层、粉细砂地层	通常仅用于泥水平衡盾构

3.4.2　刀具配置原理

1）刀具对岩土体的适用性

通过对盾构刀具型式的研究可以看出，不同类型的刀具具有不同的切削机理，在实际工程中，首先应该分析该隧道穿越岩土体的特性，从而确定合理的刀具配置型式。

对于软土地层，一般只需要配置切削型刀具，如切刀、刮刀。对于含有岩石的复合岩土地层，刀盘除配置切削型刀具（如切刀、刮刀）外，还需要配置盘形滚刀，两种刀具都应该具备对岩土体的破岩能力。

切刀的破岩能力为 20MPa，可以顺利对软黏土进行切削开挖。单刃滚刀破岩能力强，适应抗压强度高于 80MPa 的岩石，而且启动扭矩大，适用于硬岩地层的破岩；双刃滚刀破岩能力与之相比较低，适应抗压强度小于 80MPa 的岩石，而且启动扭矩小，因此适用于软岩地层。

2）刀具布置的高度差

对于复合岩土地层，刀盘需同时配置切刀和滚刀，因此对刀具布置的高度差也有一定的要求。由于切刀在黏土地层寿命较长，在砂岩地层寿命相对较短，因此在复合地层中，首先通过滚刀进行破岩。滚刀的伸出高度一般比切刀要大，17

寸①滚刀一般允许磨损量为 25mm，边滚刀为 15mm，所以一般滚刀和切刀的高度差应该大于 25mm[10]。

3）刀间距的布置

在复合地层中，通过盘形滚刀进行破岩，对于盘形滚刀刀间距合理布置的要求是：①每把盘形滚刀在破岩时所受的负荷相等，即每把刀的破岩量相等，刀刃两侧的侧向反力能相互抵消；②作用在刀盘体上的各点外力相互平衡，其合力通过刀盘中心，不产生倾覆力矩。因此，刀盘面板正面的盘形滚刀的刀间距为 50～120mm，对于软岩取最大值，硬岩层取最小值[11]。

隧道如果以硬岩为主，也有中硬岩时，刀间距按二者兼顾的原则选择。例如，石灰岩地层的刀间距取 80mm，花岗岩地层取 50mm，在综合布置时刀间距取70mm 为佳。隧道如果以软岩为主，也有少量硬岩时，刀间距按软岩选择，掘到硬岩地段时，可以慢速掘进。

4）刀具的几何布置方法

从几何学角度来看，刀盘上刀具的布置方法主要有阿基米德螺线布置法和同心圆布置法。阿基米德螺线布置法可以保证盾构全断面开挖，刀具分散对称布置在与螺线相交的辐条两侧，以满足盾构机正、反两个方向回转的要求，从而达到布局、结构和负载的最优设计。而同心圆布置法要简单很多，可以通过同一切削轨迹上的几把刀具共同对所在切削轨迹的岩土体进行切削破除，有利于降低刀具的磨损[12]。

参 考 文 献

[1] 土木学会. 隧道标准规范（盾构篇）及解说[M]. 北京：中国建筑工业出版社，2011.

[2] 管会生. 土压平衡盾构机关键参数与力学行为的计算模型研究[D]. 成都：西南交通大学，2008.

[3] 宋云. 盾构机刀盘选型及设计理论研究[D]. 成都：西南交通大学，2009.

[4] 胡显鹏. 砂卵石地层土压平衡盾构掘进刀具磨损研究[D]. 北京：北京交通大学，2007.

[5] 张国京. 北京地区土压式盾构刀具的适应性分析[J]. 市政技术，2005，23（1）：9-13.

[6] 矢野信太郎. シールド工法[M]. 鹿島：鹿島研究所出版会，1980.

[7] 徐小何，余静. 岩石破碎学[M]. 北京：煤炭工业出版社，1984.

[8] 畠昭治郎. 建設機械学[M]. 鹿島：鹿島出版会，2001.

[9] 张凤祥，朱合华，傅德明. 盾构隧道[M]. 北京：人民交通出版社，2004.

---

① 1 寸=0.0333333m。

[10]　陈国彬. 土压平衡盾构机刀盘结构介绍与刀具应用浅析 [J]. 中国水运（学术版），2007，
　　　7（6）：63-64.

[11]　宋克志. 泥岩砂岩交互地层越江隧道盾构掘进效能研究 [D]. 北京：北京交通大学，2005.

[12]　刘浩. 盾构直接切削大直径桩基的刀具选型设计研究 [D]. 北京：北京交通大学，2014.

第4章 盾构切削钢筋混凝土桩的可行性

4.1 盾构切削钢筋混凝土桩的特性

4.1.1 切刀切削钢筋混凝土桩的特性

切刀切削钢筋混凝土与切削一般岩层机理有很大不同，如图 4.1.1 所示，具体如下：

（1）刀具并非连续性切削钢筋混凝土，而是以间断的方式对钢筋混凝土进行冲击切削。

（2）钢筋的有效切削需要受到混凝土的良好保护，否则剥离出来的长钢筋将很难被刀具磨削。

（3）实际穿桩过程中，为了使钢筋及混凝土块通过螺旋输送机顺畅地排出土仓，对钢筋长度及混凝土块体积有较严格的要求。

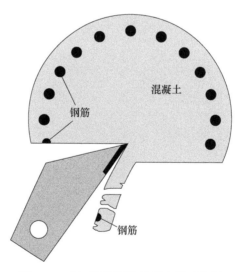

图 4.1.1 切刀切削钢筋混凝土桩示意图

刀具对钢筋的磨削作用是在钢筋处于桩基内混凝土的有效包裹下进行的，一旦钢筋剥离出混凝土，刀具将很难对钢筋进行磨削，而是以一定冲击速度、以拉断的方式将整根钢筋截断。这种情况不仅造成大量长钢筋的出现，而且对刀具合金的保护极为不利，绝大部分合金块在受到较强的冲击荷载作用下，产生应力集中作用后会发生脆性断裂。因此，如何减小刀具对钢筋周围混凝土的剥离是盾构切削钢筋混凝土桩的重点研究内容之一。

当盾构机切削桩基时，一方面受切桩基将会对桥梁承台产生向下的拉拽力；另一方面，当桩基有向下的变形趋势时，桩周边土体也将对桩基产生向上的侧摩阻力。若桩周土体所能提供给桩基的最大向上竖向侧摩阻力小于钢筋向下的最大拉拽力与桩体自重之和，则认为盾构机切桩产生的拉拽力对上部墩台的影响较大。反之，若桩周土所能提供给桩基的最大向上竖向侧摩阻力大于钢筋向下的最大拉拽力与桩体自重之和，则认为盾构机切桩产生的拉拽力对上部墩台的影响较小[1]。

4.1.2　滚刀切削钢筋混凝土桩的特性

滚刀作用在素混凝土桩基时，以一定的刀间距排列并随刀盘旋转而绕刀盘中心公转和绕刀轴自转。滚刀可在推力作用下挤压破碎混凝土外层，在刀尖下和刀具侧面形成高应力压碎区和放射状裂纹，同时在推力和扭矩作用下连续滚压混凝土破裂面，扩大压碎区并使其产生裂纹扩展，当其中的多条裂纹交叉时就形成混凝土碎片。

钢筋被混凝土包裹，当外部混凝土被挤压破碎后，滚刀直接与钢筋相互作用（见图 4.1.2），依靠钢筋两端的混凝土包裹施加固定约束力作用，通过环压切割的方式进行挤压切割破碎，配备的刮刀依靠刀盘施加的扭矩对未完全切断的钢筋进行无序缠拉破坏，实现钢筋的有效破除。

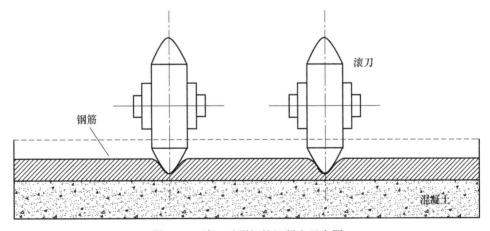

图 4.1.2　滚刀破裂钢筋混凝土示意图

4.2　切削钢筋混凝土桩刀具的选择

4.2.1　切削钢筋混凝土桩的边界（围岩）条件

苏州地铁修建区域的土体（埋深 40m 内）共分布了 11 层土层，因受多次海侵海退的影响，土体的分布比较复杂。而苏州广济桥墩台桥桩附近范围内揭露的地基土均为第四系晚更新统～中更新统的冲湖积相、海陆交互相沉积物，岩性主要为黏土、粉质黏土、粉土、粉（细）砂等，属软土地层[1]。

4.2.2　刀具配置具体目标

为确保盾构切桩全过程中的盾构安全以及上部结构安全，盾构机刀具配置应实现的具体目标如下[2]：

（1）刀具地质适应性方面。新增的切桩刀具不仅应在软土地层破桩时具有较好的工作性能，而且需要在非切桩区段不影响盾构机正常掘进施工。

（2）切除混凝土方面。单把刀具应具有足够的刚度、硬度等，群刀布置应使刀头全轨迹覆盖整个切削面，因为现有的刮刀基本不具有破除混凝土能力。

（3）切除钢筋方面。单把刀具的合金配备应对钢筋具有足够的切削能力，群刀布置应便于在筋身的若干个切削点集中连续切削以切断钢筋。

（4）刀盘、刀具安全方面。刀具自身抗损伤能力应较强，刀具、刀刃配备数量应充足，以确保整个刀盘、刀具的总切削能力足以切除 7 根桥桩。

（5）盾构机掘进安全方面。切桩产生的钢筋应较短，若钢筋较长，则难以从螺旋输送机中排出，造成排渣困难；刀盘开挖直径应略大于盾壳外径，以确保盾壳顺利通过残桩。

（6）上部结构安全方面。刀盘、刀具对桩基的推力和扭矩应较小，以避免上部桩基和承台产生较大水平位移或扭曲变形；刀具配置应尽可能使钢筋被切断而非拉断，否则将会对上部桥桩和承台产生较大的向下拉拽力。

4.2.3　刀具选型

本工程对盾构刀具的选择，既要求刀具在一般的软土地层中具有一定的适应性，又要求刀具具有切削或磨削钢筋混凝土桩的能力，特别是盾构机要连续切削或磨削四排钢筋混凝土桩，甚至单次要切削或磨削两根桩，这一工程难点对盾构机刀盘、刀具的配置提出了更高的要求。

一般来讲，决定盾构刀具选型及改进设计的主要因素有地质条件、隧道条件、环境条件和桩体的情况，应在综合分析各影响因素的基础上，确定刀具的选型与合理配置。根据目前的调研结果，现有的盾构机还没有切割桩基所用的专门刀具，盾构切削桩基的技术尚不成熟，切削钢筋混凝土的盾构刀具以及相关的设备也在研究开发之中。

从切桩或磨切桩的角度看，一般以先行刀的形式切桩或磨切桩。先行刀中有滚刀、贝壳刀（先行刀）和切刀可供选用[1,2]。

1）滚刀作为先行刀切削钢筋混凝土桩

滚刀一般是在硬岩条件下使用。图 4.2.1 是在广州等地区软硬（岩层）不均地层常用的滚刀及复合式刀盘、刀具配置图[3,4]。虽然滚刀不适用于软土地层，但以本次盾构切桩或磨切桩来看，由于滚刀刚度较大、刀刃坚固，压碎混凝土并切割钢筋较容易。所以，以滚刀作为先行刀，磨切钢筋混凝土桩，以切刀作为辅助切削，滚刀高度大于切刀，适当保护切刀，是一个可选方案。在广州的切削桩基的成功案例中基本都是采用滚刀先行的复合式刀盘、刀具配置的方案。

当然，这种方案也存在一定的风险。一方面，在切桩之前，盾构要在软土地层中掘进，有可能将滚刀转轴堵死，使其难以旋转，从而难以发挥滚刀的功能；另一方面，由于滚刀刚度较大，在没有切削钢筋之前就使钢筋挤压变形，无法直接切断钢筋，使得钢筋缠绕于滚刀上而无法发挥切削钢筋的能力。本次将要切削的桩基有四排，即要求所配刀具能连续切削（或磨削）四次钢筋混凝土桩。由于桩内钢筋可能会缠绕到滚刀上，无法发挥滚刀性能，影响切削钢筋效果，因此，复合式刀盘、刀具配置有一定的缺陷。

2）贝壳刀作为先行刀切削钢筋混凝土桩

贝壳刀形如贝壳，其特点是具有较大的抗折能力和抗冲击能力，如图 4.2.2 所示。

图 4.2.1　滚刀及复合式刀盘、刀具配置图　　　　图 4.2.2　贝壳刀示意图

采用贝壳刀作为先行刀并与切刀高低配置，其工作原理是以有较大刚度、刀身并不锋利但较粗壮的贝壳刀磨削钢筋混凝土桩，并且贝壳刀作为先行刀，其高度大于切刀，对切刀起到一定的保护作用。贝壳先行刀在切刀切削之前先行破除

桩的表层混凝土并磨削钢筋，将桩体破除分块，为切刀创造良好的切削条件。先行刀的这些作用要求其具有一定的宽度，且镶嵌的合金要有相当的硬度和抗冲击能力，即要求其材质既要有相当的硬度又要求其受到冲击时不易被脆性破坏。另外，由于桩的位置以及盾构机姿态存在误差，而且先行刀的破损具有不确定性，因此需要在全切削轨迹尽可能地布置充足的先行刀。

    对比以上两种方案，滚刀一般在硬岩地层中使用，若在软土地层中使用，滚刀转轴有可能被土砂堵死，或达不到滚刀启动扭矩而发生弦磨。另外，软土地层对钢筋混凝土桩的约束作用较弱，滚刀滚压型的作用机理必然导致作用于桥桩上的推力较大，对桥梁结构安全不利，而且滚刀也较难把钢筋直接切断，如图4.2.3所示。贝壳刀的刀身并不锋利但较粗壮，若将贝壳刀作为先行刀切桩，能以较大的刚度和硬度切削或磨削钢筋混凝土桩基，且贝壳刀也容易通过焊接布在刀盘上。因此，本工程选用以贝壳刀作为先行刀的切刀体系作为盾构机切桩刀具。

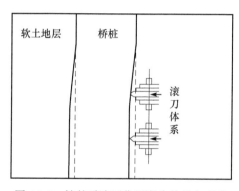

图 4.2.3   桩基受滚压作用发生偏移与弯曲

4.3   盾构切削钢筋混凝土桩可能存在的问题

    盾构机直接切削钢筋混凝土桩相对于切削软土而言，盾构机直接切削钢筋混凝土桩面临更多不可预测的挑战，为了能够对实际切桩工程的顺利开展提供指导，本章将针对盾构机切削钢筋混凝土桩过程中可能存在的问题进行系统的预测和分析。

    1. 刀具配置和损坏问题

    刀具方面，盾构机连续切削多根大直径桩基的难点及可行性条件主要在于：大直径桩基的主筋粗，所选用的刀具能否将其切断；桩身混凝土的体量大，能否被有效切削破除；螺旋输送机的排筋能力有限，能否将钢筋切成合理长度；连续切削多根桩基,刀盘、刀具的总切削能力能否经受住考验。

2. 隧道微调外包管避桩问题

如图 4.3.1 所示,根据目前的盾构机推进线路,右线盾构机在向石路站推进的过程中,在 3# 桥台处,左部盾壳与桩基的最小间隙仅 12.5cm,在 0# 桥台处,右部盾壳距桩基边缘最近的仅 9.0cm。因此,在盾构切桩过程中,外置壁后注浆管路可能与桩基触碰,虽采取了管路保护措施,但仍有可能对外置式注浆管造成损伤。本工程所用的日本小松土压平衡盾构机的外包管照片如图 4.3.2 所示。

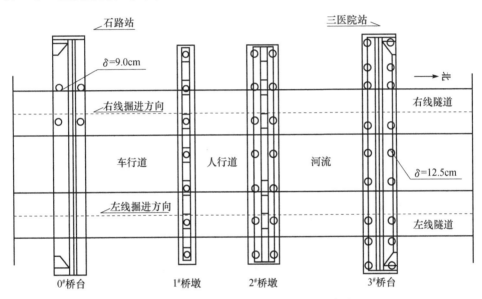

图 4.3.1 盾构隧道与桩基的相对位置关系

（a）外包管在盾构机壳外突起　　　　（b）注浆外包管放大图

图 4.3.2 日本小松土压平衡盾构机外包管

3. 螺旋输送机排渣问题

钢筋被切断、拉断或磨断后的形态复杂，会出现弯曲缠绕甚至会缠住刀具。因此，盾构切桩产生的钢筋条和碎桩块很有可能卡住螺旋输送机，使螺旋输送机无法正常运转排除渣土，从而无法正常掘进施工。

4. 人员进入土仓作业问题

当需要人员进入盾构机土仓开挖面中进行人工凿除桩基作业时，其风险性较大，安全性较难保障。

5. 盾构机部件出现异常问题

在切桩过程中，盾构机大刀盘主轴承及驱动机构、传动机构可能会因受到冲击负荷或较高工作压力而造成损坏；压力传感器也可能发生损坏，影响土压控制，进而影响地面和桥梁的沉降控制。

参 考 文 献

[1] 蒋兴起. 盾构全断面切削穿越桥梁群桩综合技术研究[D]. 北京：北京交通大学，2013.

[2] 刘浩. 盾构直接切削大直径桩基的刀具选型设计研究[D]. 北京：北京交通大学，2014.

[3] 竺维彬，鞠世健. 复合地层中的盾构施工技术[M]. 北京：中国科学技术出版社，2006.

[4] 宋克志，安凯，袁大军,等. TBM掘进盘形滚刀最优切深动态模糊控制研究[J]. 应用基础与工程科学学报，2009，17（3）：412-420.

第 5 章 刀刃与钢筋混凝土的相互作用
及切削机理研究

5.1 刀刃切桩的适应性分析与选型

当前国内外均没有针对切削钢筋混凝土桩基而研发的专用刀具。已有的切桩施工案例中，采取的是从现有刀具类型中选择贝壳刀或滚刀并配以先行刀的方式进行布置。滚刀一般用于复合地层，较易破碎混凝土，但难以直接切断钢筋。另外，若将其用于软土地层，则可能因达不到启动扭矩而发生弦磨。贝壳刀刀身粗壮，且具有良好的刚度和硬度，在小切深掘进模式下，可以充分切削或磨削桩基。因此，选用贝壳刀作为切桩刀具，并进行相应的切桩适应性设计。

根据刀具前角和后角的不同，其切削特性也存在一定的差别。在图 5.1.1 中，若 $\beta > 0$，则在掘进方向上，承受刀盘推力和参与磨削桩身的仅为刀尖部分，此种情况下，刀具磨损速度极快。若 $\alpha > 0$，则 $\gamma < 90°$ 为锐角，一方面，当刀尖切削过程中碰冲到钢筋和混凝土粗骨料时，刀尖处易应力集中而发生断裂；另一方面，参考金属切削加工领域成果，正前角刀具切削金属时，前刀面附近存在拉应力场，故较易产生刀刃合金崩损[1,2]。因此，切削钢筋混凝土桩基，刀刃选用零后角（$\beta=0$）和负前角（$\alpha < 0$）为宜。

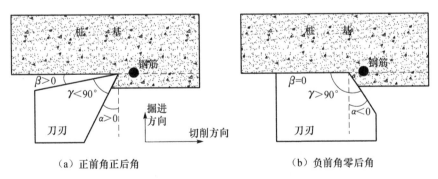

（a）正前角正后角   （b）负前角零后角

图 5.1.1 不同前角、后角的刀刃切桩示意图

贝壳刀的刀刃有单面刃或双面刃两种，如图 5.1.2 所示，两种刀刃的不同点在于：双面刃的刀头较钝，故耐磨性和抗崩裂性优于单面刃；反过来说，单面刃较为锋利，其切断钢筋所需的切削面积 A_{s2} 小于双面刃对应的切削面积 A_{s1}，切筋

效率更高。在切削混凝土方面，当切深 p 一定时，若两种刀刃的宽度 b 相等，则单次切削混凝土的面积（A_{c1} 和 A_{c2}）也相等：

$$A_{c1}=p[L_1+2L_2\sin(\eta_1/2)]=pb \qquad (5.1.1)$$

$$A_{c2}=p(L_3+L_4\sin\eta_2)=pb \qquad (5.1.2)$$

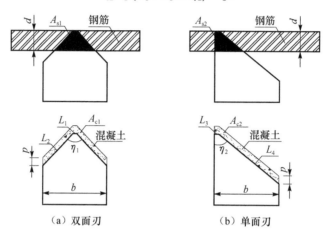

（a）双面刃　　　　　　　　（b）单面刃

图 5.1.2　两种刀刃对钢筋和混凝土的切削效果

由刀盘切削阻力主要来源于切削混凝土可知，使用两种刀刃所对应的刀盘切削扭矩将基本相等。鉴于刀刃的耐磨性和抗崩裂性能直接关系到工程安全，而切筋效率是次要考虑因素，因此选用双面刃的贝壳刀。

5.2　切削仿真有限元基础

5.2.1　LS-DYNA 动力学软件简介

LS-DYNA 是国际上最著名的通用非线性显式动力分析程序[3~5]，该程序特别适用于分析各类高度非线性的复杂力学过程，如爆炸与冲击、结构碰撞、金属加工成形等，也可用于求解热传导和流固耦合等问题，因此在国防、汽车、电子、建筑、船舶等领域均有广泛应用。

LS-DYNA 最初由美国劳伦斯·利弗摩尔国家实验室（Lawerence Livermore National Laboratory）Hallquist 博士于 1976 年主持开发完成，是目前所有显式求解程序的基础代码。作为工程应用领域最佳的动力学分析软件，LS-DYNA 计算的可靠性已经被无数次试验所证明。该程序主要具有四大特点：①分析功能强大，除了结构非线性动力分析，还可进行多物理场耦合分析、失效分析、裂纹扩展分析等；②材料模型多种多样，拥有 150 多种金属和非金属材料模型，涵盖金属、塑料、玻璃、泡沫、橡胶、土壤、混凝土、复合材料、炸药、推进剂等各种材料，同时还支持用户自定义材料；③接触算法多样，有 50 多种接触算法分析方式可供选择，不仅可以求解各种柔体对柔体、柔体对刚体、刚体对刚体等接触问题，而且可以分析接触表面的静动力摩擦、固连失效以及流体与固体的界面等问题；④单元库丰富，具有二维和三维实体单元，薄、厚壳单元，梁单元和弹簧、阻尼器单元，SPH 单元以及其他特殊用途的单元，各种单元类型也有多种算法可供选择。

　　盾构刀具切削破除钢筋混凝土桩基，实质是一个涉及几何非线性、材料非线性以及接触非线性等多种复杂特性的动力学问题，因此，采用 LS-DYNA 程序对盾构刀具切桩开展有限元仿真研究是适宜的。

5.2.2　动态接触算法

　　从力学本质来看，盾构刀具与钢筋混凝土桩基之间的相互作用是一种接触问题。在 LS-DYNA 程序中，有三种不同的接触算法可供选择：节点约束法、对称罚函数法和分配参数法。其中，对称罚函数法是 LS-DYNA 的默认算法，也是当前弹体侵彻[6~8]、汽车撞击[9, 10]等各类问题研究中最常用的接触算法，本书也采用该接触算法开展研究。对称罚函数中，程序在每一时步按相同算法分别对从节点和主节点进行循环处理。对任一从节点 N_S 的计算步骤如下：

　　（1）通过搜索从节点 N_S 最靠近的主节点 N_m，找到与主节点 N_m 相关的各主段 S_i。

　　（2）检查与主节点 N_m 有关的所有主段，确定从节点 N_S 穿透主表面时可能接触的主段。

　　（3）确定从节点 N_S 在主段 S_i 上可能接触点 C 的位置。

　　（4）检查从节点 N_S 是否穿透主段。

　　（5）若从节点 N_S 穿透主段 S_i，则在从节点 N_S 和接触点 C 附加一个法向接触力矢量 $f_s=k_i \Delta_i$，Δ_i 为穿透量，k_i 为接触刚度因子，按式（5.2.1）计算：

$$k_i = f K_i A_i^2 V_i \qquad (5.2.1)$$

式中，K_i、V_i 和 A_i 分别为主段 S_i 所在单元的体积模量、体积和主段的面积；f 为接触刚度罚因子，默认值为 0.10，若 f 取值过大，可能造成计算的不稳定。

　　在从节点 N_S 上附加法向接触力矢量 f_s，再根据作用力与反作用力原理，在主段 S_i 的接触点 C 上作用一个反方向的力 f_s，将这个反作用力按形函数等效分配到主段 S_i 包含的各个主节点上即可。

　　（6）计算摩擦力。从节点 N_S 的法向接触力为 f_s，则它的最大摩擦力为 $F_y=\mu|f_s|$，μ 为摩擦系数。根据作用力与反作用力原理，计算分配到对应主段 S_i 上各个主节

点的摩擦力。

若静摩擦系数为μ_s，动摩擦系数为μ_d，则用指数插值函数来使两者平滑过渡：

$$\mu = \mu_d + (\mu_s - \mu_d)\mathrm{e}^{-C|V|} \tag{5.2.2}$$

式中，V为接触表面之间的相对速度；C为衰减系数。

由于某些情况下，库仑摩擦造成界面的剪应力可能非常大，以致超过材料的抗剪强度，程序采用某种限制措施，令$f^{n+1} = \min(f_c^{n+1}, VC \times A_i)$，即使接触力不超过限值。

（7）将接触力矢量和摩擦力矢量投影到总体坐标轴上，得到节点力的各总体坐标方向分量，组集到总体荷载矢量P中。

5.2.3　单点高斯积分与沙漏控制

在单元分析中需要进行大量形如$\int_V g(x,y,z)\mathrm{d}V$的积分，一般需要通过等参变换后在自然坐标系中进行高斯积分：

$$\begin{aligned}\int_V g\mathrm{d}V &= \int_{-1}^{1}\int_{-1}^{1}\int_{-1}^{1} g(\xi,\eta,\zeta)|J|\mathrm{d}\xi\mathrm{d}\eta\mathrm{d}\zeta \\ &= \sum_{i=1}^{l}\sum_{j=1}^{m}\sum_{k=1}^{n} w_i w_j w_k g(\xi_i,\eta_j,\zeta_k)|J|(\xi_i,\eta_j,\zeta_k)\end{aligned} \tag{5.2.3}$$

式中，w_i、w_j和w_k为加权系数；J为等参变换的Jacobi矩阵。

$$J = \begin{bmatrix} \partial x/\partial\xi & \partial y/\partial\xi & \partial z/\partial\xi \\ \partial x/\partial\eta & \partial y/\partial\eta & \partial z/\partial\eta \\ \partial x/\partial\zeta & \partial y/\partial\zeta & \partial z/\partial\zeta \end{bmatrix} \tag{5.2.4}$$

LS-DYNA程序中取$l = m = n = 1$，即单点的高斯积分，显然这种情况下有

$$i = j = k = 1, \quad w_i = w_j = w_k = 2, \quad \xi_i = \eta_j = \zeta_k = 0 \tag{5.2.5}$$

于是，上述数值积分可以简化为

$$\int_V g\mathrm{d}V = 8g(0,0,0)\big[J(0,0,0)\big] \tag{5.2.6}$$

单点积分可极大地节省数据存储量并减小运算次数，但可能会引起零能模式，或称沙漏模态。沙漏模态主要表现为一种自然振荡且比所有结构响应的周期短得多，网格变形呈锯齿状，称为沙漏变形。为确保分析的正确性，必须控制沙漏变形，常用方法有以下几种：

（1）尽可能使用均匀的网格划分。一般来说，整体网格细化会明显地减小沙漏的影响。

（2）避免在单点上加载。由于激起沙漏的单元会把沙漏模式传递给相邻单元，

所以集中荷载应分散到几个相邻的节点上。

（3）调整模型的人工体积黏性。可以通过调整 EDBVIS 命令中的线性（LVCO）和二次（QVCO）项系数来增加体积黏性。

（4）增加模型的弹性刚度。沙漏可能出现小位移情况，特别是使用动态松弛。在这种情况下，应增加模型的弹性刚度，而不是体积黏性值。

5.2.4　显式求解方法与时步控制

采用增量迭代法等隐式方法时，需要求解一系列相互关联的非线性方程，该过程必须通过迭代和求解联立方程组才能实现，因此隐式求解法可能会遇到两个问题：一是迭代过程不一定收敛；二是联立方程组可能出现病态而无确定的解。对于显示求解方法，当前时刻的位移求解无需迭代过程，只要将运动过程中的质量矩阵和阻尼矩阵对角化，从而可使问题大大简化。对于材料高度非线性、几何高度非线性或计算规模较大的动力学问题，隐式求解方法往往无法收敛，而以 LS-DYNA 为代表的显式求解方法具有独特的优势。

LS-DYNA 的离散化结构运动方程为（计入了阻尼影响）

$$M\ddot{x} = P - F + H - C\dot{x} \tag{5.2.7}$$

其时间积分采用显式中心差分方法，基本公式如下：

$$\ddot{x}(t_n) = M^{-1}[P(t_n) - F(t_n) + H(t_n) - C\dot{x}(t_{n-1/2})] \tag{5.2.8}$$

$$\dot{x}(t_{n+1/2}) = \dot{x}(t_{n-1/2}) + \frac{\ddot{x}(t_n)(\Delta t_{n-1} + \Delta t_n)}{2} \tag{5.2.9}$$

$$x(t_{n+1}) = x(t_n) + \dot{x}(t_{n+1/2})\Delta t_n \tag{5.2.10}$$

式中，$t_{n-1/2} = \dfrac{t_n + t_{n-1}}{2}$，$t_{n+1/2} = \dfrac{t_n + t_{n+1}}{2}$，$\Delta t_{n-1} = (t_n - t_{n-1})$，$\Delta t_n = (t_{n+1} - t_n)$；$\ddot{x}(t_n)$、$\dot{x}(t_{n+1/2})$、$x(t_{n+1})$ 分别为 t_n 时刻的节点加速度向量、$t_{n+1/2}$ 时刻的节点速度向量、t_{n+1} 时刻的节点位置坐标向量，其余可以类推。

由于采用集中质量矩阵，式（5.2.8）～式（5.2.10）的求解是非耦合的，无须集成总体矩阵，因此可大大提高计算效率，但显式中心差分法不是无条件稳定的。为保证计算的稳定性，LS-DYNA 采用变步长积分法，每一时刻的积分步长由当前构形的稳定性条件控制，原理为：采用的积分步长必须小于某个临界值，否则算法将是不稳定的。一般情况下，网格中的最小单元将决定时步的选择，即

$$\Delta t = \min\left\{\Delta t_{e1}, \Delta t_{e2}, \cdots, \Delta t_{ei}, \cdots, \Delta t_{eN}\right\} \tag{5.2.11}$$

式中，Δt_{ei} 为第 i 个单元的极限时步长；N 为单元的总数。

LS-DYNA 中,各种类型单元的极限步长可以统一表述为

$$\Delta t_e = \alpha \frac{L}{c} \qquad (5.2.12)$$

式中,α 为小于 1 的时步因子,程序默认为 0.9;L 为单元的特征尺度;c 为材料的声速。

5.3   刀刃切削钢筋机理

5.3.1   钢筋本构模型

本构关系作为反映物质材料宏观特性的数学模型,其好坏直接决定着有限元模型仿真的成败。参考金属切削加工领域的成果可知,金属切削过程不仅涉及弹塑性变形,而且伴随着高应变率以及较高的切削温度[11~13]。迄今已有多种本构模型来描述金属材料的相关动态响应,其中 Johnson-Cook 模型[14,15]不仅可以反映切削过程中的加工硬化和温度软化,而且能反映应变率强化效应,是描述金属材料在大应变、高应变率以及高温条件下的理想本构模型,目前已在金属切削仿真研究中取得广泛应用。Johnson-Cook 模型可表述为

$$\sigma = (A + B(\overline{\varepsilon}^{pl})^n)\left(1 + C\ln\frac{\dot{\overline{\varepsilon}}^{pl}}{\dot{\varepsilon}_0}\right)(1 - \hat{\theta}^m) \qquad (5.3.1)$$

$$\hat{\theta} = \begin{cases} 0, & T < T_r \\ \dfrac{T - T_r}{T_m - T_r}, & T_r \leqslant T \leqslant T_m \\ 1, & T > T_m \end{cases} \qquad (5.3.2)$$

式中,第一个括号是弹塑性项,表示加工硬化;A 为初始屈服应力,MPa;B 为加工硬化系数;$\overline{\varepsilon}^{pl}$ 为等效塑性应变;n 为应变硬化指数;第二个括号是黏性项,代表高应变率下材料流动应力的增加量;C 为应变率敏感系数;$\dot{\overline{\varepsilon}}^{pl}$ 为等效塑性应变率;$\dot{\varepsilon}_0$ 为参考应变率;最后一个括号是温度软化项;T 为材料的当前温度;T_r 为室温;T_m 为材料的熔点温度;m 为应变率灵敏指数。

参数 A、B、C、n、m 可以通过材料试验得到。桥梁桩基或建筑桩基中的主筋材料一般为 HRB335 和 HRB400 带肋钢筋,经对比发现,这两种钢筋的化学成分和力学性能与同为碳素结构钢的 45 号钢[16~18]基本相似,如表 5.3.1 所示。45 号钢是一种中碳优质结构钢,综合力学性能良好,且易于被切削加工成齿轮、螺栓、轴承等各类零件,因此广泛应用于机械制造、交通、运输、国防等领域,其

力学行为和参数也得到了较深入的研究[19,20]。

表 5.3.1　钢筋与 45 号钢的化学成分和力学性能对比

项目	类别	含碳量/%	弹性模量/MPa	屈服强度/MPa	抗拉强度/MPa	断面伸长率/%
HRB335	低碳钢	0.25	210	335	455	17
HRB400	低碳钢	0.25	210	400	540	16
45 号钢	中碳钢	0.42~0.50	210	355	600	16

由于几乎没有切削建筑钢筋仿真研究方面的成果可供参考，且开展 Johnson-Cook 模型参数的测试试验也极为复杂，因此本书主要参考已有的 45 号钢的 Johnson-Cook 模型参数，对桩基钢筋的材料模型参数进行取值。

5.3.2　钢筋切屑分离准则

金属切削过程中，由于受到刀具的强烈挤压作用，部分材料将被切除并以切屑的形式脱离出来，因此在有限元仿真时需要定义一个切屑分离准则，目前主要有几何分离准则和物理分离准则可供选择。几何分离准则是预先在模型中设置分离线，通过计算分离线上的点与刀具切削刃之间的距离来判断是否达到分离条件；物理分离准则是根据应力、应变、应变能等物理量是否达到临界值来判断切削是否分离。相比于几何分离准则，物理分离准则的物理含义明确，也更符合实际情况。

具体选用哪一种物理分离准则，目前尚无统一认识，但当前应用较多的是采用 Johnson-Cook 本构模型自带的剪切失效准则。该准则是将单元积分点处的等效塑性应变值与此处的等效失效应变值进行比较，假定破坏参数 $D > 1$ 时材料失效。破坏参数 D 为

$$D = \sum \frac{\Delta \bar{\varepsilon}^{\mathrm{pl}}}{\Delta \bar{\varepsilon}_{\mathrm{f}}^{\mathrm{pl}}} \tag{5.3.3}$$

式中，$\Delta \bar{\varepsilon}^{\mathrm{pl}}$ 为等效塑性应变增量；$\Delta \bar{\varepsilon}_{\mathrm{f}}^{\mathrm{pl}}$ 为失效应变。

失效应变 $\Delta \bar{\varepsilon}_{\mathrm{f}}^{\mathrm{pl}}$ 由式（5.3.4）确定：

$$\Delta \bar{\varepsilon}_{\mathrm{f}}^{\mathrm{pl}} = \left[d_1 + d_2 \exp\left(d_3 \frac{p}{q} \right) \right] \left(1 + d_4 \ln \frac{\dot{\bar{\varepsilon}}^{\mathrm{pl}}}{\dot{\varepsilon}_0} \right) (1 + d_5 \hat{T}) \tag{5.3.4}$$

式中，p 为压应力，MPa；q 为 Mises 应力，MPa；$\dot{\bar{\varepsilon}}^{\mathrm{pl}}$ 为参考应变率，仿真中取为 1/s；$d_1 \sim d_5$ 为材料失效参数；$\hat{T}$ 为无量纲的温度参数，其表达式为

$$\hat{T} = \begin{cases} 0, & T < T_{\text{room}} \\ \dfrac{T - T_{\text{room}}}{T_{\text{melt}} - T_{\text{room}}}, & T_{\text{room}} \leqslant T \leqslant T_{\text{melt}} \\ 1, & T > T_{\text{melt}} \end{cases} \tag{5.3.5}$$

5.3.3 切削钢筋细观模型建立

根据前面分析,盾构切削钢筋及混凝土应采用负前角的刀刃。但是,在金属切削加工领域,为利于连续切除并方便排屑,刀刃基本上采用正前角型式,故该领域成果较难为盾构刀刃切筋提供直接借鉴;加之钢筋截面为圆形,不同于矩形工件,被切削时也有其特殊的受力和变形特征。为研究负前角刀刃对钢筋的切削效果和机理,建立切削钢筋细观模型,采用单元尺寸小、网格密度大的二维模型进行分析。

1)几何建模和网格划分

实际工程中桩基主筋直径为16~22mm,故选择ϕ22钢筋作为研究对象,建模时略去热轧带肋钢筋的条状肋部。刀具选择负前角-45°,切削深度取3mm。刀刃和钢筋均采用显式 Solid162 四边形单元,切削部位的钢筋单元边长尺寸约为0.1mm,网格划分如图 5.3.1 所示。

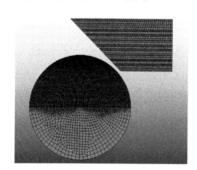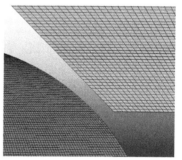

图 5.3.1 切削钢筋细观模型网格划分

2)材料模型及参数

刀刃材料为碳化钨硬质合金,采用刚体进行模拟。钢筋采用 Johnson-Cook模型,以剪切失效准则作为切屑分离准则。钢筋材料参数取值参照与之基本近似的 45 号钢[20]。模型中输入的刀刃与钢筋的参数如表 5.3.2 和表 5.3.3 所示。

表 5.3.2 刀刃和钢筋的物理力学参数

项目	弹性模量/GPa	泊松比	密度/(g/cm)	剪切模量/GPa
刀刃	652	0.22	15.7	77
钢筋	210	0.23	7.85	34

表 5.3.3　钢筋 Johnson-Cook 本构模型参数及失效参数

本构模型参数					失效参数				
A	B	n	C	m	d_1	d_2	d_3	d_4	d_5
506MPa	320MPa	0.28	0.064	1.06	0.1	0.76	1.57	0.005	−0.84

3）接触设置和边界条件

刀刃对钢筋的切削属于一种侵彻问题，而它们之间的动态接触可看成是刚体与柔体之间的面面接触，因此采用基于罚函数的侵蚀面-面接触算法，LS-DYNA中对应的关键字为 CONTACT_2D_ERODING_SURFACE_TO_SURFACE。设定刀刃与钢筋之间的静摩擦系数和动摩擦系数分别为0.20和0.15。边界条件上，将钢筋下半圆所有节点的自由度均约束住。

4）整体控制参数设定

为保证计算的稳定性，避免可能出现的沙漏情形或因网格急剧变形而出现负体积情况，仿真模型的整体控制参数设定如下：

（1）计算沙漏黏性阻尼时，常数取程序的默认值。

（2）人工体积黏性的计算中，无量纲常量 $C_0=1$，$C_1=0.08$。

（3）时步控制因子减小到 0.6。

（4）罚函数因子取 0.1。

（5）材料的系统阻尼系数取程序给定的默认值。

5）单位系统

LS-DYNA 允许用户自行定义并统一单位系统，为建模方便并利于参考现有LS-DYNA 仿真的相关文献和成果，采用 cm-g-μs 单位制建模，因此力的基本单位是 10^7N，应力的单位是 10^{11}Pa。本书后续通过 LS-DYNA 所建立的模型均采用cm-g-μs 单位制。

考虑到地铁盾构直径约为 6m，刀盘转速为 0.5~1.0r/min，刀具切削线速度一般为 0.03~0.3m/s，因此本章切削仿真模型中，切削速度统一取 0.2m/s。

5.3.4　负前角刀刃切削钢筋的机理分析

图 5.3.2~图 5.3.4 分别为刀刃细观切削钢筋模型典型时刻的钢筋等效应力、等效应变以及质点运动矢量图，可见，所谓"切"，其实质是钢筋在刀刃的强力挤压下，金属晶格发生塑性滑移变形，当剪切变形量达到失效应变值时，金属晶格之间的连接断开，并最终形成切屑。

基于对切筋仿真过程及规律的分析，提出如图 5.3.5 所示的刀刃分区分带切筋模型，将刀刃与钢筋相接触的附近区带划分为前剪带、下压带、挤摩带、牵连剪切区、综合作用区及临空变形区，并对负前角刀刃切削钢筋的作用机理作如

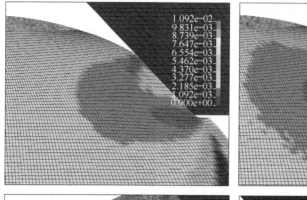
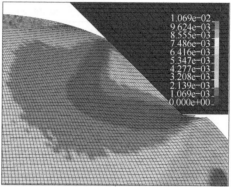
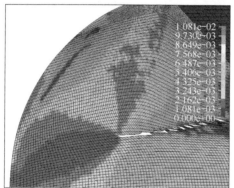
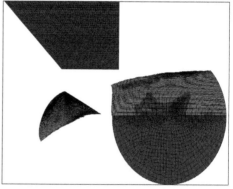

图 5.3.2　切削效果及等效应力分布

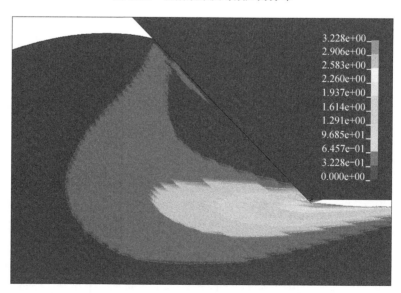

图 5.3.3　钢筋等效应变分布

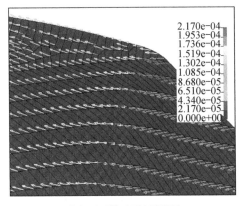
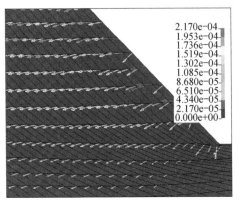

（a）刀刃前刀面上端附近　　　　　　　　　（b）刀刃前刀面下端附近

图 5.3.4　钢筋质点运动矢量图

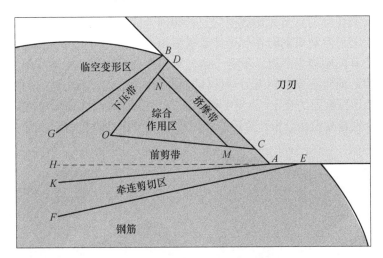

图 5.3.5　刀刃分区分带切筋模型

下解释：负前角刀刃同时给予钢筋向前和向下的压迫力及变形能；刀刃前刀面 AC 段强力向前挤切刀尖运动轨迹线 AH 附近的钢筋，使钢筋晶格产生强烈变形滑移，形成钢筋前剪带 $ACOK$；前剪带下方的区域受上方钢筋晶格的牵连运动也会产生大剪切变形，形成牵连剪切区 $AEFK$；刀刃前刀面 BD 段，由于负前角刀刃向下的作用力分量，存在钢筋下压带 $BDOG$，但该带内的钢筋晶格并非往下运动而是斜向左上，因为在其左上方为临空变形区；挤摩带 $CDNM$ 内的钢筋，一方面受到刀刃的法向挤压，另一方面沿着刀刃前刀面往临空变形区方向运动，而综合作用区 OMN 内的钢筋则受到前剪带、下压带和挤摩带的共同作用；在刀刃向前剪切与向下压切的共同作用下，最终形成斜向下的破裂面 AK。

5.4 三维刀刃动态切削钢筋仿真

为适应切削大直径桩基中的钢筋和混凝土，研发一种针对性强的新型专用刀具极为必要。合金刀刃作为切桩刀具的"牙齿"，其型式和设计参数直接影响切桩效果和刀具自身寿命。本节通过建立三维刀刃动态切削钢筋模型，研究刀刃参数对切削效果和刀具受力的影响规律。

5.4.1 仿真模型建立

根据前面分析，切削钢筋混凝土桩基应选用负前角、双面刃的刀具。新刀具在研发时，为防止应力集中而导致合金崩裂，一般在刀头处保留一定尺寸的刃宽。而当刀具严重磨损后，刀头处刃宽将会显著增大、变钝。因此，前角、刃角、刃宽是研发新型切桩刀具及评估磨损后刀具切削性能所必须考虑的三个刀刃参数。

这三个刀刃参数可同时在一个计算模型中进行研究，但分析仿真结果时，各参数间的相互影响较为严重，不利于研究单一参数对切削的影响。根据刀具构型和运动规律，前角主要影响刀刃与桩体的相互作用方式，而刃角、刃宽的不同则主要体现为切削截面的变化。为便于获得这三个刀刃参数对切削钢筋的单一变量影响规律，分别建立前角分析计算模型和刃角-刃宽分析计算模型，如图5.4.1所示。

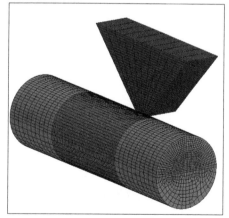

（a）前角分析计算模型　　　　　　（b）刃角-刃宽分析计算模型

图 5.4.1　三维刀刃切筋模型

计算模型以 $\phi22$ 钢筋作为研究对象，切削深度取 4mm。刀刃和钢筋均采用显式 Solid164 六面体实体单元建模，切削钢筋区域进行网格局部加密，加密处钢筋单元尺寸长约 0.5mm。同 5.3.3 节模型，钢筋仍采用 Johnson-Cook 本构模型，以剪切失效准则作为切屑分离准则。刀刃按弹性体对碳化钨硬质合金刀刃进行模拟。刀刃与钢筋的动态接触采用三维侵蚀面-面接触算法，对应关键字为ONTACT_ERODING_SURFACE_TO_SURFACE。将钢筋左右两端面及下半圆面上所有节点的自由度均约束住，即假设钢筋是被周边混凝土完全包裹固定住的。模型求解的整体控制参数设定同 5.3.3 节模型。

5.4.2　典型刀刃动态切削钢筋过程及特征

基于大量调研和理论分析，为苏州切桩工程研发了新型切桩刀具，三个刀刃参数初步拟选为：负前角-40°、刃角 90°、刃宽 4mm。选择上述参数的刀刃作为典型刀刃，对三维刀刃动态切削钢筋过程进行分析。

1）切削效果分析

图 5.4.2 和图 5.4.3 给出了不同时刻两种刀刃切削钢筋的效果。可以看出，在两种刀刃的强力挤压切削下，钢筋被切削部位均能被有效切除并形成切屑。

图 5.4.2　负前角-40°刀刃的切筋效果

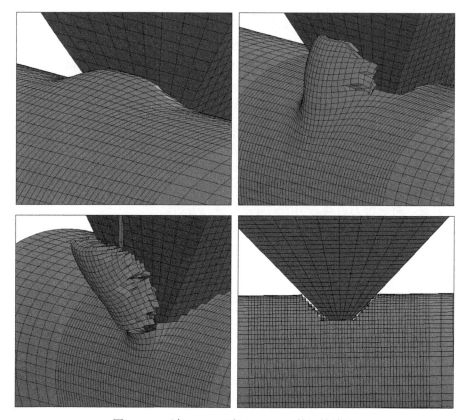

图 5.4.3 刃角 90°、刃宽 4mm 刀刃的切筋效果

钢筋作为一种具有良好塑性的金属材料，在被刀刃挤切初期，先是出现明显的隆起，随着切削进一步进行，钢筋在与刀刃左右两侧棱相交的区域产生破裂面，最终在刀具前刀面的挤压下，刀刃刀尖前方略微靠下的钢筋部位被撕切开裂，从而形成切屑，完成切削过程。需要说明的是，所形成的切屑体积明显小于从切槽中切除的原钢筋部位体积，原因是钢筋金属晶体在切削过程中被挤压导致体积缩小，以及 LS-DYNA 软件自身的计算特点，即会自动删除计算中已达到失效应变值的单位。

2）钢筋应力应变分析

对于两个典型刀刃，虽然切筋全过程中刀刃对钢筋的切削范围和体积一直处于动态变化，但钢筋的等效应力与切应力最大值却基本稳定在某个范围：等效应力为 1100～1150MPa，切应力为 630～710MPa。钢筋的等效应力与切应力的最大值位置基本相同，起初集中在刀刃前刀面前方和刀刃侧棱附近（见图 5.4.4），后期转至钢筋切屑即将与母体断裂的部位（见图 5.4.5）。

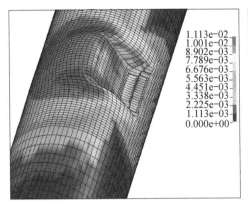 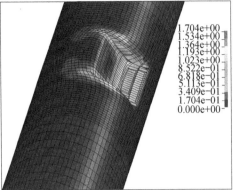

（a）等效应力（单位：10^{11}Pa）　　　　　　　　（b）等效应变

图 5.4.4　钢筋在负前角-40°刀刃切削下的应力应变分布

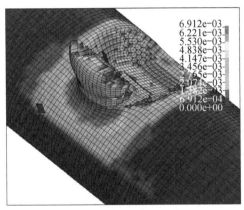 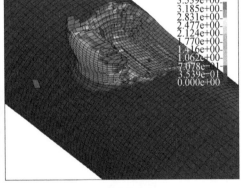

（a）切应力（单位：10^{11}Pa）　　　　　　　　（b）等效应变

图 5.4.5　钢筋在刃角 90°、刃宽 4mm 刀刃切削下的应力应变分布

在切削全过程中，钢筋的等效应变最大值为 1.5～3.7，说明钢筋的屈服程度较大，切筋是一个大变形、高应变过程，从图 5.4.4（b）可明显看出，刀刃后刀面下的钢筋网格被拉长。

3）切削力分析

由图 5.4.6 可以看出，刀刃切削钢筋的切削力曲线呈现三大特征：①刀具前进方向的切向力大于刀刃下压钢筋的贯入力，且侧向力几乎为零；②切向力曲线总体上先增大后减小，最大值出现在切削进尺 1/3 左右处，这与图 5.4.2 和图 5.4.3 所反映的切削钢筋动态过程及效果相符；③切削力曲线局部有一定的波动性，这是因为切削为动态加载，在某个时刻钢筋先与刀刃短暂分离，随着刀刃前进，刀刃又对钢筋接触挤切。

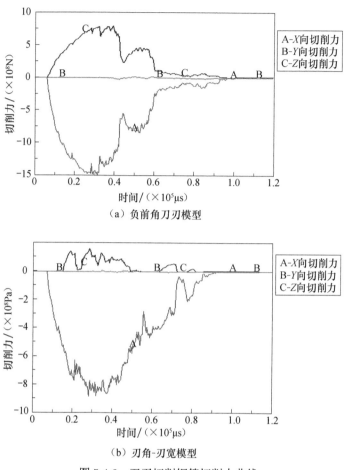

（a）负前角刀刃模型

（b）刃角-刃宽模型

图 5.4.6　刀刃切削钢筋切削力曲线

5.4.3　前角对切削钢筋的影响规律

随着前角逐渐增大，贯入力一直降低（根据正负值），特别是对于正前角刀刃，由于钢筋切屑位于刀刃前刀面上方，对刀刃的垂直力作用方向为向下。对于负前角刀刃，虽然刀刃越钝，贯入力越大，但切向力却有所降低，根据负前角刀刃切削钢筋机理及图 5.4.7 所显示的切削效果，对此可解释为：钢筋受刀刃向前剪切与向下压切的共同作用，当向下压切对生成切屑所起的作用更大时，所需的向前剪切作用则降低，因而切向力下降。

5.4.4　刃角和刃宽对切削钢筋的影响规律

如图 5.4.8 和图 5.4.9 所示，不同刃角、刃宽的刀刃对钢筋的切削效果基本相似。由理论分析可知，刃角、刃宽越大，所对应的切削钢筋横截面及切屑体

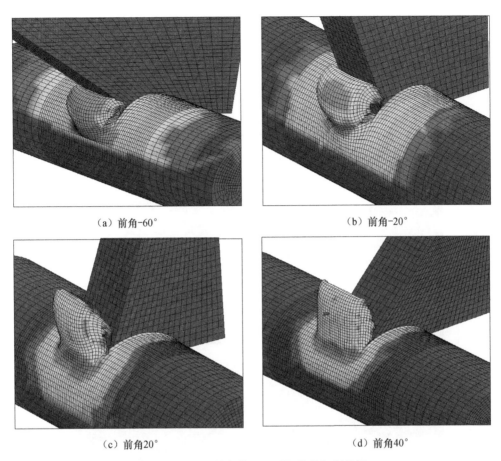

（a）前角-60°　　　　　　　　　　　　（b）前角-20°

（c）前角20°　　　　　　　　　　　　（d）前角40°

图 5.4.7　不同前角的刀刃对钢筋的切削效果

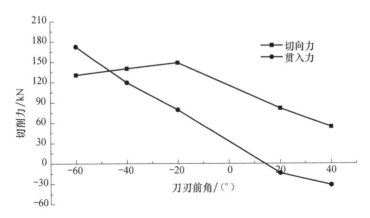

图 5.4.8　切削钢筋切削力与刀刃前角的关系

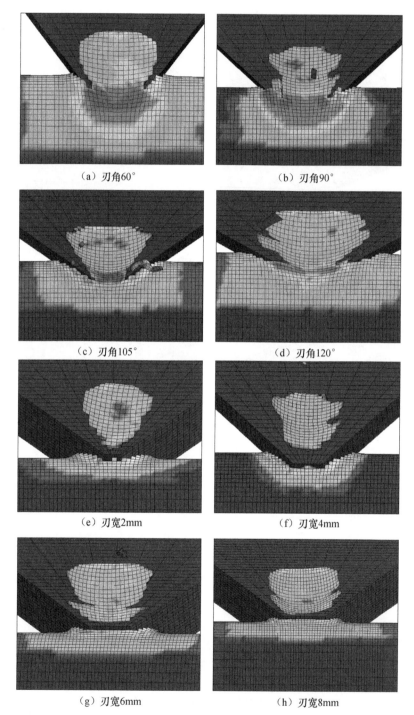

（a）刃角60°　　　　　　　　　　（b）刃角90°

（c）刃角105°　　　　　　　　　　（d）刃角120°

（e）刃宽2mm　　　　　　　　　　（f）刃宽4mm

（g）刃宽6mm　　　　　　　　　　（h）刃宽8mm

图 5.4.9　不同刃角、刃宽的刀刃对钢筋的切削效果

积也越大，刀刃切向力和贯入力理应越大，这也得到了仿真结果曲线的证实，从图 5.4.10 和图 5.4.11 可以看出，刃角与切向力、刃宽与切向力、刃宽与贯入力基本呈线性正比关系，而刃角对贯入力的影响曲线为幂函数。

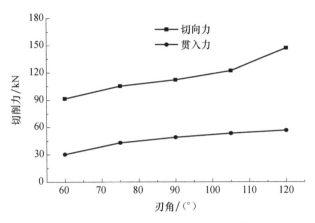

图 5.4.10　切削钢筋切削力与刃角的关系

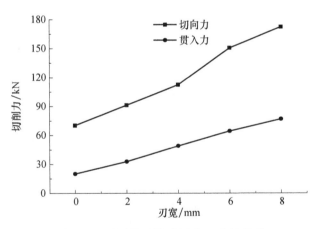

图 5.4.11　切削钢筋切削力与刃宽的关系

5.5　刀刃切削混凝土机理

5.5.1　混凝土的本构模型

1. 本构模型选择

研究混凝土在切削荷载下的非线性动态响应，选择一种合适的混凝土动态本构模型至关重要。目前已提出较多的混凝土动态本构模型[21,22]，但由于混凝土材料的物质成分多相性、空间分布随机性、力学响应复杂性等因素的制约，对混凝土动态力学性质的研究还很不完善，目前尚未有一致认可的本构关系模型。

从力学角度看，刀具对混凝土的切削作用体现为一种强力地挤压和贯入行为。针对混凝土的压缩状态，目前认为 Holmquist-Johnson-Cook（HJC）混凝土本构模型是一种较好的模型[23]，主要用于大变形、高应变率下的混凝土与岩石模拟，模型中所使用的混凝土压缩损伤规律描述是当前相关研究的最高水平[24]。目前，HJC 模型已广泛用于研究各种混凝土侵彻问题或撞击问题。

另外，从混凝土自身的材料特性看，作为一种非均质多相材料，混凝土内部含有大量随机分布的微裂纹、孔洞、界面等初始损伤，而大量研究[25,26]表明，混凝土的破坏和失效过程是由各种尺度损伤的演化、发展和累积造成的。因此，采用引入损伤因子的混凝土动态本构关系来描述混凝土在切削荷载下的动态响应是合适的。

综上分析，本书将采用基于损伤力学原理开发的 HJC 动态损伤本构模型，作为切桩仿真分析中混凝土的动态本构模型。

2. HJC 模型描述

HJC 混凝土本构模型综合考虑了大应变、高应变率、高压效应，其等效屈服强度是压力、应变率及损伤的函数，而静水压力 P 是体积应变 μ（包括永久压垮状态）的函数，损伤积累是塑性体积应变、等效塑性应变及压力的函数。P-μ关系分为 3 个响应区域：线弹性区、过渡区和密实区，在压缩和拉伸范围内各分为三段描述，即等效强度模型部分、损伤模型部分和状态方程部分。

此模型具体分为四部分：等效应力、损伤因子、状态方程和失效准则。

1）等效应力

无量纲等效应力表示为损伤度、压力和应变率的函数，形式与 JC 模型相似。

$$\sigma^* = [A(1-D) + BP^{*N}][1 + C\ln\dot{\varepsilon}^*] \tag{5.5.1}$$

式中，$\sigma^* = \sigma / f_c'$（σ 为真实等效应力，f_c' 为准静态单轴抗压强度）；$P^* = P / f_c'$（P 为真实应力）；$\dot{\varepsilon}^* = \dot{\varepsilon} / \varepsilon_0$（$\dot{\varepsilon}$ 为真实应变率，ε_0 为参考应变率，$\varepsilon_0 = 1.0\text{s}^{-1}$）；$A$ 为归一化内聚强度；B 为归一化压力硬化系数；N 为压力硬化指数；C 为应变率系数；D 为损伤因子。

由于 σ^* 随 P^* 增大而增大，因此 σ^* 存在一个极限值，定义为 S_{max}，称为归一化最大强度。

2）损伤因子

D 为损伤因子（$0 \leqslant D \leqslant 1$），定义为

$$D = \sum \frac{\Delta \varepsilon_\mathrm{p} + \Delta \mu_\mathrm{p}}{D_1 (P^* + T^*)^{D_2}} \tag{5.5.2}$$

式中，$\Delta \varepsilon_\mathrm{p}$ 和 $\Delta \mu_\mathrm{p}$ 分别为等效塑性应变增量和塑性体积应变增量；$D_1 (P^* + T^*)^{D_2}$ 为常数压力 P 下的破碎塑性应变，D_1 和 D_2 为常数；$T^* = T/f'$，为抗拉强度。

由于 $P^* = -T^*$ 时混凝土材料不能承受任何塑性应变，且此时损伤因子随 P^* 增大而增大，因此增加第三个损伤常数，即最小损伤常数 $\varepsilon_{f\,\mathrm{min}}$。

材料损伤强度 DS 在材料压缩和拉伸情况下分别为

$$\mathrm{DS} = \begin{cases} f'_\mathrm{c} \, \min[S_{\max}, A(1-D) + BP^{*N}][1 + C \ln \dot{\varepsilon}^*] \\ f'_\mathrm{c} \, \max\left[0, A(1-D) - A\dfrac{P^*}{T}\right][1 + C \ln \dot{\varepsilon}^*] \end{cases} \tag{5.5.3}$$

3）状态方程

HJC 模型静水压力 P 与体积应变 μ 的关系可以分为三个区：线弹性区、过渡区和密实介质区。

（1）线弹性区（$0 \leqslant \mu \leqslant \mu_{\mathrm{crush}}$）。

线弹性区压力均表示为

$$P = K_{\mathrm{elastic}} \mu \tag{5.5.4}$$

式中，P 为压力；$\mu = \dfrac{\rho}{\rho_0} - 1$，为体积应变（或压缩比），$\rho_0$ 为初始密度；$K_{\mathrm{elastic}} = \dfrac{P_{\mathrm{crush}}}{\mu_{\mathrm{crush}}}$，为弹性体积模量，$\mu_{\mathrm{crush}}$ 和 P_{crush} 为弹性压缩极限体积应变和压碎压力。

（2）过渡区（$\mu_{\mathrm{crush}} < \mu \leqslant \mu_{\mathrm{lock}}$）。

此阶段中，空气从混凝土气孔中压出，混凝土产生塑性体积应变。此时材料压力在加、卸载时分别表示为

$$P = P_{\mathrm{crush}} + \frac{P_{\mathrm{lock}} - P_{\mathrm{crush}}}{\mu_{\mathrm{lock}} - \mu_{\mathrm{crush}}} \tag{5.5.5}$$

$$P = P_{\mathrm{crush}} + \frac{P_{\mathrm{lock}} - P_{\mathrm{crush}}}{\mu_{\mathrm{lock}} - \mu_{\mathrm{crush}}}(\mu_0 - \mu_{\mathrm{crush}}) + \left[(1-F)K_{\mathrm{elastic}} + F\frac{P_{\mathrm{lock}} - P_{\mathrm{crush}}}{\mu_{\mathrm{lock}} - \mu_{\mathrm{crush}}}\right](\mu - \mu_0) \tag{5.5.6}$$

式中，μ_{lock} 和 P_{lock} 为过渡区介质体应变和压力；F 为卸载系数，按式（5.5.7）计算。

$$F = \frac{\mu_0 - \mu_{\mathrm{crush}}}{\mu_{\mathrm{lock}} - \mu_{\mathrm{crush}}} \tag{5.5.7}$$

（3）密实介质区（$\mu > \mu_{\mathrm{lock}}$）。

此阶段中，空气完全被压出，混凝土成为密实介质。材料密实状态下压力加、

卸载分别表示为

$$P = K_1\bar{\mu} + K_2\bar{\mu}^2 + K_3\bar{\mu}^3 \tag{5.5.8}$$

$$P = K_1\bar{\mu} \tag{5.5.9}$$

式中，$\bar{\mu} = \dfrac{\mu - \mu_{lock}}{1 + \mu_{lock}}$，为修正体积应变，$\mu_{lock}$ 为密实体积应变；K_1、K_2 和 K_3 为材料常数。

材料在拉伸状态下，线弹性区材料压力为

$$P = K_{elastic}\mu \tag{5.5.10}$$

过渡区材料压力为

$$P = (1 - F)K_{elastic} + FK_1 \tag{5.5.11}$$

式中，$F = \dfrac{\mu_{max} - \mu_{crush}}{\mu_{lock} - \mu_{crush}}$，$\mu_{max}$ 为最大体积应变。

密实区材料压力为

$$P = K_1\mu \tag{5.5.12}$$

定义材料的最大拉伸极限为

$$P_{max} = T(1 - D)$$

4）失效准则

HJC 模型自带的失效准则为等效塑性应变失效模式，当单元等效塑性应变达到设定失效值时，单元失效并从模型中删掉。这种失效准则对描述受压破坏比较理想，但不易反映拉伸或剪切引起的破坏。盾构滚刀切削破除硬岩的研究表明，岩石在滚刀刀刃滚压作用下，不仅滚刀下方受压后会产生径向裂纹，而且滚刀两侧岩石在拉伸或剪切应力下也会产生放射状裂纹。岩石材料与混凝土材料类似，虽然滚压类刀具的作用机理不同于切削类刀具，但为了保证本书切削混凝土仿真的正确性，仍需考虑可能发生的混凝土拉伸破坏或剪切破坏。

LS-DYNA可供用户自定义其他的失效模式，包括最大压力、最小主应变、最小压力、最大主应力、等效应力、最大主应变、切应变、应力脉冲失效以及失效时间等。本书在模型中添加最大拉伸应变失效准则和最大剪应变失效准则。

5.5.2　切削混凝土细观模型建立

为研究负前角刀刃对混凝土的切削效果和机理，建立切削混凝土细观模型，采用单元尺寸小、网格细密的二维模型进行分析。刀具负前角选择-45°，切削深度取 4mm，切削速度取 0.2m/s，采用 cm-g-μs 单位制建模。刀刃和混凝土均采用显式 Solid162 四边形单元，切削部位的混凝土单元尺寸长度约为 0.1mm，网格划分如图 5.5.1 所示。

刀刃材料为碳化钨硬质合金，采用刚体模拟。混凝土材料采用 HJC 模型，并采用包括等效塑性应变失效、最大拉伸应变失效、最大剪应变的综合失效准则。接触方面采用基于罚函数的面-面接触算法对刀刃动态侵彻混凝土过程进行模拟，设定静摩擦系数和动摩擦系数分别为 0.25 和 0.18。边界条件上，将混凝土的下边界以及左右边界的下半部分约束住。

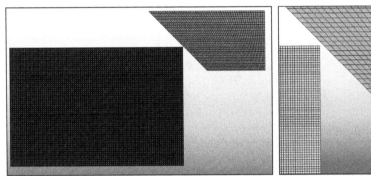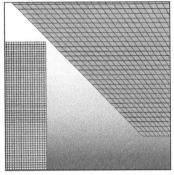

图 5.5.1　切削钢筋细观模型网格划分

5.5.3　负前角刀刃切削混凝土的机理分析

图 5.5.2 以等效应力的形式展现了负前角刀刃对混凝土的切削效果，可以看出，混凝土材料与钢筋材料的切削效果明显不同。负前角刀刃对混凝土的"切"，主要体现为混凝土初期被刀刃前刀面不断地挤切破除，在切削后期将形成一条与刀刃前进方向相平行的宏观裂纹。

通过分析切削混凝土全过程，发现负前角刀刃对混凝土的切削效果和作用方式与滚刀破岩存在相似之处。基于切削仿真结果，并借鉴滚刀破岩机理，对负前角刀刃对混凝土的切削机理做如下解释：位于刀刃前刀面前方的混凝土，受到刀刃向前和向下的强力挤压，初期先发生弹塑性变形，当压应力超过混凝土抗压强度后，混凝土被压碎、压密并形成密实核；密实核处的压缩量显著大于周边混凝土的变形量，由于变形不协调且混凝土材料不受拉，因此周边区混凝土中存在拉应力并产生拉裂纹，随着刀刃持续挤压切削，拉裂纹逐渐扩展、延伸，从而导致周边区域混凝土被拉裂破坏。

负前角刀刃切削混凝土与滚刀滚压岩石也存在不同之处：由于盾构推进速度较快、推力大，滚刀主要在其下方及贯入方向（推进方向）上挤压破除岩石；而切削桩基混凝土时，推速较慢甚至极慢，切削方向是主运动方向，因而密实核和拉裂纹破坏主要产生在刀刃前方而非下方。

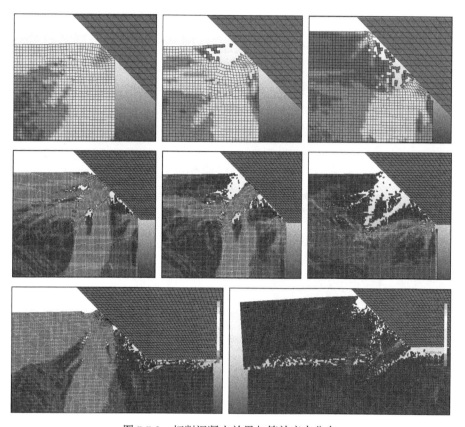

图 5.5.2 切削混凝土效果与等效应力分布

5.6 三维刀刃动态切削混凝土仿真

5.6.1 典型刀刃动态切削混凝土分析

同 5.4.2 节,选择负前角-40°、刃角 90°、刃宽 4mm 的刀刃作为典型刀刃,对三维刀刃动态切削混凝土过程进行分析。

1) 混凝土应力和切削效果分析

图 5.6.1 为两种刀刃切削混凝土的效果与等效应力分布。切削全过程中,混凝土等效应力最大为 259MPa,远大于混凝土的抗压强度,因此大量混凝土单元受压失效而被 LS-DYNA 程序自动删除。无论是负前角刀刃模型还是刃角-刃宽刀刃模型,刀刃切削混凝土所形成的切槽与刀刃的横截面相一致,这说明在当前切削条件下,单个刀刃只对前进方向前方的混凝土具有破除作用,而不能侧向挤压破除刀刃侧面的混凝土。

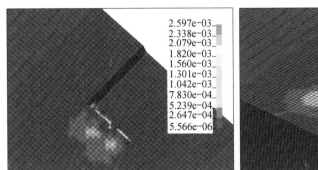
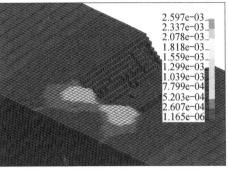

（a）负前角刀刃模型　　　　　　　（b）刃角-刃宽刀刃模型

图 5.6.1　切削混凝土效果与等效应力分布（单位：10^{11}Pa）

2）切削力分析

切削混凝土时，刀具同时承受切向力、贯入力和侧向力，从图 5.6.2 可以看

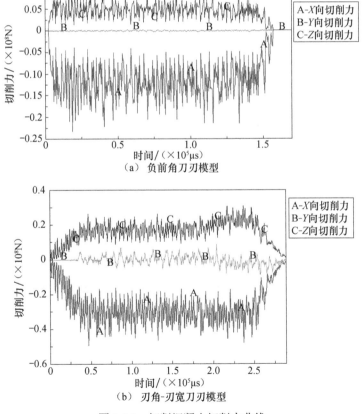

图 5.6.2　切削混凝土切削力曲线

出，由于刀刃构型具有对称性，所受侧向力基本为零。刀刃开始接触混凝土后，切向力和贯入力逐渐升高，当刀刃完全侵入混凝土中后，正常切削过程中的切削力基本稳定在某一个平均值，但仍呈现周期性的上下波动。

5.6.2　前角对切削力的影响规律

与切削钢筋不同，随着前角逐渐增大，切削混凝土的切向力与贯入力均下降，两者下降的趋势和速率基本相同（见图 5.6.3）。虽然正前角刀具对混凝土的切削力较小，但切削大直径桩基的切削混凝土体量较大，易造成刀头合金崩损。与正前角+20°刀刃相比，负前角-40°刀刃的切向力只增大约 23%，增加量较小。

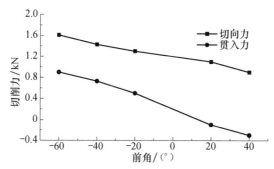

图 5.6.3　切削混凝土切削力与前角的关系

5.6.3　刃角和刃宽对切削力的影响规律

与切削钢筋相类似，随着刃角、刃宽增大，刀刃切削混凝土的切向力和贯入力也上升，如图 5.6.4 和图 5.6.5 所示，刃角与切向力、刃角与贯入力、刃宽与切向力、刃宽与贯入力均基本呈线性正比关系，其中，刃宽对贯入力的影响度最高。对于刃角，切向力对其的敏感度要大于贯入力，而刃宽对切削力的影响要弱于贯入力。

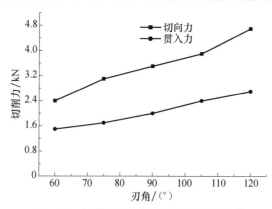

图 5.6.4　切削混凝土切削力与刃角的关系

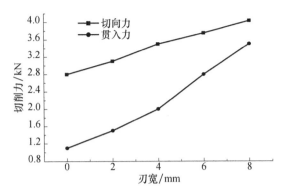

图 5.6.5　切削混凝土切削力与刃宽的关系

5.7　本 章 小 结

本章基于案例调研和理论分析，先定性优选出适合切削大直径桩基的刀刃类型；然后借助非线性显式 LS-DYNA 动力分析软件，建立二维细观切削模型和三维动态切削模型，研究刀刃与钢筋、混凝土的相互作用、切削机理、影响规律，主要得出如下结论：

（1）切削钢筋混凝土桩基，刀刃选用零后角和负前角为宜。由于刀刃的耐磨性和抗崩裂性直接关系到工程安全，而切筋效率是次要考虑因素，因此选用双面刃的贝壳刀。

（2）通过建立二维刀刃细观切削钢筋模型，获得了切削钢筋典型时刻的钢筋等效应力、等效应变以及质点运动矢量图，指出"切"筋的实质是：钢筋在刀刃的强力挤压下，金属晶格发生塑性滑移变形，当剪切变形量达到失效应变值时，金属晶格之间的连接断开，并最终形成切屑。同时提出了刀刃分区分带切筋模型，将刀刃与钢筋相接触的附近区带划分为前剪带、下压带、挤摩带、牵连剪切区、综合作用区以及临空变形区。

（3）钢筋在被刀刃挤切初期，先是出现明显的隆起，随着切削进一步进行，钢筋在与刀刃左右两侧棱相交汇的区域产生破裂面，最终在刀具前刀面的挤压下，刀刃刀尖前方略微靠下的钢筋部位被撕切开裂，从而形成切屑，完成切削过程；钢筋的等效应力与切应力最大值基本稳定在某个范围：等效应力为 1100～1150MPa，切应力为 630～710MPa。刀刃切削钢筋的切削力曲线呈现三大特征：①切向力大于贯入力，且侧向力几乎为零；②切向力曲线总体上先增大后减小，最大值出现在切削进尺 1/3 左右处；③切削力曲线局部有一定的波动性。

（4）对于刀刃切削钢筋，随着刀刃前角逐渐增大，贯入力一直降低，但切向力却有所降低；刃角与切向力、刃宽与切向力、刃宽与贯入力基本呈线性正比关系，而刃角对贯入力的影响曲线为幂函数。

（5）负前角刀刃对混凝土的切削效果和作用方式与滚刀破岩存在相似之处，其切削机理为：位于刀刃前刀面前方的混凝土受到刀刃向前和向下的强力挤压，初期先发生弹塑性变形，当压应力超过混凝土抗压强度后，混凝土被压碎、压密并形成密实核；密实核处的压缩量显著大于周边混凝土的变形量，由于变形不协调而混凝土材料不受拉，周边区混凝土中存在拉应力并产生拉裂纹，随着刀刃持续挤压切削，拉裂纹逐渐扩展、延伸，从而导致周边区混凝土被拉裂破坏。

（6）对于刀刃切削混凝土，随着前角逐渐增大，切削混凝土的切向力与贯入力均下降，两者下降的趋势和速率基本相同；刃角与切向力、刃角与贯入力、刃宽与切向力、刃宽与贯入力均基本呈线性正比关系，其中，刃宽对贯入力的影响度最高。对于刃角，切向力对其的敏感度要大于贯入力，而刃宽对切削力的影响要弱于贯入力。

参 考 文 献

[1] 陈日曜. 金属切削原理[M]. 北京：机械工业出版社，2012.

[2] 陈剑中，孙家宁. 金属切削原理与刀具[M]. 广州：机械工业出版社，2013.

[3] 时党勇，李裕春，张胜民. 基于 ANSYS/LS-DYNAB.1 进行显式动力分析[M]. 北京：清华大学出版社，2004.

[4] 尚晓江，苏建宇. ANSYS/LS-DYNA 动力分析方法与工程实例[M]. 北京：中国水利水电出版社，2005.

[5] 王泽喜，胡仁喜，康士延.ANSYS13.0/LS-DYNA 非线性有限元分析实例指导教程[M].北京：机械工业出版社，2011.

[6] 许志明.高速钻地弹水泥靶侵彻过程的实验研究与计算机仿真[D]. 南京：南京理工大学，2004.

[7] 王建刚. 子弹侵彻钢筋混凝土的数值模拟研究[D]. 长沙：国防科学技术大学，2011.

[8] 汪衡. 弹丸侵彻混凝土靶的数值研究[D]. 太原：中北大学，2010.

[9] 郭怡晖，马鸣图，张宜生，等. 汽车前防撞梁的热冲压成形数值模拟与试验[J]. 锻压技术，2013，38 (3):46-50.

[10] Hong H, Deeks J A, Wu C Q. Numerical simulations of the performance of steel guardrails under vehicle impact[J]. Transactions of Tianjin University, 2008, 14 (5): 89-93.

[11] 黄志刚，柯映林，王立涛. 金属切削加工的热力耦合模型及有限元模拟研究[J]. 航空学报，2004，25 (3)：317-320.

[12] 程飞波. 高速切削过程的仿真和剪切角规律的研究[D]. 上海：同济大学，2009.

[13]　蒋志涛. 高速金属铣削加工的有限元模拟[D]. 昆明：昆明理工大学，2009.

[14]　Mabrouki T，Rigal J F. A contribution to a qualitative understanding of thermo-mecha-nical effects during chip formation in hard turning[J]. Journal of Materials Processing Technology，2006，176 (1)：214-221.

[15]　Klocke F，Raedt H W，Hoppe S. 2D-FEM simulation of the orthogonal high speed cutting process[J]. Machining Science and Technology，2001，5 (3)：323-340.

[16]　刘新佳，陶哲，顾冬生. 建筑钢材速查手册[M]. 北京：化学工业出版社，2011.

[17]　宋小龙，安继儒. 新编中外金属材料手册[M]. 北京：化学工业出版社，2012.

[18]　何雪宏，郭成壁. 45 钢复杂应力状态下低周疲劳损伤准则[J]. 大连理工大学学报，1996，36(2)：203-207.

[19]　胡昌明，贺红亮，胡时胜. 45 号钢的动态力学性能研究[J]. 爆炸与冲击，2003，23(2)：188-192.

[20]　陈刚，陈忠富，陶俊林，等. 45 钢动态塑性本构参量与验证[J]. 爆炸与冲击，2005，25(5)：451-456.

[21]　Taylor L M，Chen E P，Kuszmaul J S. Microcrack-induced damage accumulation in brittle rock under dynamic loading[J]. Computer Methods in Applied Mechanics and Engineering，1986，55：301-320.

[22]　Riedel W，Thoma K，Hiermaier S，et al. Penetration of reinforced concrete by BETA-B-500 numerical analysis using a new macroscopic concrete model for hydrocodes[C]//The 9th International Symposium，Interaction of the Effects of Munitions with Structures，Berlin-Strausherg，1999，315-322.

[23]　Holmquist T J，Johnson G R，Cook W H. A computational constitutive model for concrete subjective to large strains，high strain rates and high pressure[C]//The 14h International Symposium on Ballistic，Quebec，1993，591-600.

[24]　李耀，李和平，巫绪涛. 混凝土 HJC 动态本构模型的研究[J]. 合肥工业大学学报(自然科学版)，2009，32 (8)：1244-1248.

[25]　李杰，任晓丹. 混凝土静力与动力损伤本构模型研究进展述评[J]. 力学进展，2010，40 (3)：284 -297.

[26]　任晓丹. 基于多尺度分析的混凝土随机损伤本构理论研究[D]. 上海：同济大学，2010.

第6章 新型刀具的切桩性能与磨损机理研究

6.1 新型切桩刀具研发

为适应连续切削大直径钢筋混凝土桩基，新型切桩刀具在总体构型设计上考虑了四个原则：①刀身整体较为粗壮，刚度大、耐磨性强；②可布置固定的合金刀刃块数较多，切削能力强大；③各合金刀刃布置在同一高度和一条线上，以便集中连续切削钢筋；④刀身前后侧对称，以满足刀盘正反扭转需求。基于以上原则并结合所确定的刀刃参数，新型切桩刀具设计效果如图 6.1.1 所示。由于新型切桩刀具仍属于贝壳刀范畴，但与现有的常规贝壳刀不同，为了后面描述方便，将该刀具称为新型贝壳刀。

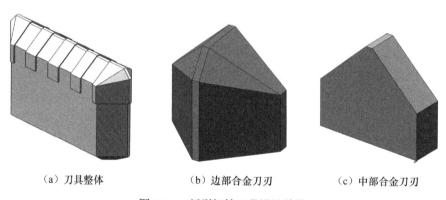

（a）刀具整体　　　　　　（b）边部合金刀刃　　　　　（c）中部合金刀刃

图 6.1.1　新型切桩刀具设计效果

关于新型贝壳刀的刀身高度，应同时考虑三方面因素：为使混凝土渣块具有充足的流动空间，新型贝壳刀与刀盘上现有刮刀的高差不应小于混凝土渣块的外形尺寸；与刮刀的高差越大，对刮刀的保护作用越强；刀身又不可过高，否则容易被折断。综合考虑，新型贝壳刀的刀身高度取 160mm，高于刮刀 80mm。

刀具宽度的大小取决于合金刀刃的宽度，而刀具长度的大小则主要根据所需布置合金刀刃块数进行确定。由于连续切削大直径群桩对刀具的磨耗较大，因此合金刀刃应较宽、较多。最终设计而成的新型贝壳刀的形状及尺寸如图 6.1.2 所示，刀宽 64mm，刀长 214mm，通过钎焊方式固定布置 5 块高强硬质合金刀刃。

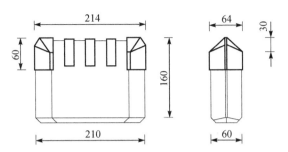

图 6.1.2　新型贝壳刀形状及尺寸（单位：mm）

6.2　新型刀具切削钢筋的力学特征与规律分析

6.2.1　热力耦合分析方法

切削热与切削温度是金属切削过程中的一个重要物理现象。切削过程中切削力所做的机械功绝大部分将转化成热能，即切削热，进而导致切削区的温度大幅度上升。切削温度的升高，一方面使被切削金属材料的强度、硬度下降，这样可改善某些耐热性好、脆性大的刀具材料（如硬质合金材料）的韧性，有利于切削过程的进行；但另一方面，切削温度较高会加速刀具磨损，缩短刀具寿命。因此，对切削钢筋进行有限元仿真分析时，需要采用热力耦合分析方法，同时解决切削中的热和力两方面问题。

LS-DYNA 程序可求解三维几何实体的稳态或瞬态温度场问题，材料可以与温度相关，并且应具有各向同性或正交各向异性的特性。分析时，用户可以事先指定与时间和温度相关的多种边界条件，包括温度、流量、对流和辐射等。三维连续介质中的热传导差方程由式（6.2.1）给定：

$$\rho c_p \frac{\partial \theta}{\partial t} = (k_{ij}\theta_{,j})_{,i} + Q \tag{6.2.1}$$

式（6.2.1）满足下面两个边界条件：

$$\theta = \theta_s \quad （在 \Gamma_1 上） \tag{6.2.2}$$

$$k_{ij}\theta_{,j}n_i + \beta\theta = \gamma \quad （在 \Gamma_2 上） \tag{6.2.3}$$

以及 t_0 时刻的初始条件：

$$\theta_\Gamma = \theta_0(x_i) \quad 且 \quad t = t_0 \tag{6.2.4}$$

式中，$\theta = \theta(x_i, t)$，为温度；$x_i = x_i(t)$，为时间函数的坐标值；$\rho = \rho(x_i)$，为密度；$c_p = c_p(x_i, \theta)$，为比热容；$k_{ij} = k_{ij}(x_i, \theta)$，为热导率；$Q = Q(x_i, \theta)$，为每单位体积 Ω 的内部热生成速率；θ_Γ 为边界 Γ_1 上指定的温度。

运行求解时，六面体单元采用 2×2×2 高斯积分法则，在高斯点定义与温度相关的材料特性。程序采用 Hughes 提出的归一化梯形方法进行时间积分，该方法对非线性问题无条件稳定，采用带松弛的固定点迭代过程可以满足非线性问题的平衡。

6.2.2　切削钢筋模型建立

新型刀具在切桩时主要依靠边部合金实施切削，中部合金基本处于被保护状态，只有当边部合金崩脱崩裂或磨损严重时，中部合金才参与切削。因此，边部合金的切桩性能是评价新型刀具切桩适应性的关键。如图 6.2.1 所示，建立边部合金切削钢筋的三维切削模型，边部合金按照真实尺寸建模，钢筋直径取 22mm，为提高计算精度和稳定性，边部合金和钢筋均采用映射网格方式划分，单元类型为显式 Solid164 六面体实体单元。边部合金单元总数 37134 个，钢筋单元总数 179752 个。

鉴于热力耦合分析的需要，边部合金采用运动塑性本构模型，LS-DYNA 程序中对应关键字为 MAT_PLASTIC_KINEATIC。钢筋仍采用 Johnson-Cook 本构模型，以剪切失效准则　　图 6.2.1　边部合金三维切削钢筋模型

作为切屑分离准则。采用三维侵蚀面-面接触算法考虑边部合金与钢筋的动态接触。由于本次切削仿真中最大切削深度为 12mm，将钢筋左右两端面以及钢筋底部 0~6mm 深度范围内所有节点的自由度均约束住。

为实现热力耦合计算，在 k 文件中添加与热分析相关的关键字：MAT_THERMAL_ISOTROPIC 为刀刃和钢筋定义材料热性参数；BOUNDARY_THERMAL_OPTIOND 为施加模型的热边界条件；CONTROL_SOLUTION 为激活热分析；CONTROL_THERMAL_TIMESTEP 和 CONTROL_THERMAL_SOLVER 用以控制热求解器的相关参数；另外，还需激活面-面接触算法中的THERMAL 选项。刀刃和钢筋的热分析参数如表 6.2.1 所示。

表 6.2.1　刀刃和钢筋的热分析参数[1, 2]

项目	热导率 /[W / (m · ℃)]	比热容 /[J / (kg · ℃)]	热膨胀系数 / (×10⁻⁶ / ℃)	材料熔点温度 /K
边部合金	75.4	220	5.5	—
钢筋	47	423	11	1795

6.2.3　切削钢筋效果与动态过程分析

1）切削效果及钢筋应力分析

如图 6.2.2 所示，新型切桩刀具边部合金能够按照设定的切削深度和切削速度，对钢筋逐次实施有效切削。顺着切削方向，由于边部合金刀头呈 V 形截面，所切削形成的切槽也为 V 形截面，这点与刃角-刃宽模型的切筋效果（见图 5.4.3）相同。切槽的底面基本与切削方向平行，并未斜向前倾斜，这点与负前角刀刃二维切筋模型的结果不同。分析其原因为：对于新型刀具，只有正前刀面是-45°负前角，而两边的侧前刀面虽然也为负前角，但对钢筋向下的挤压效果要弱得多。

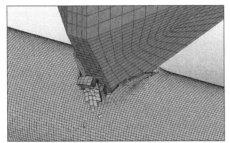
（a）第一次切削0~3mm

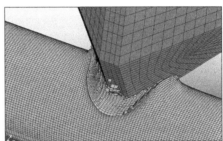
（b）第二次切削3~6mm

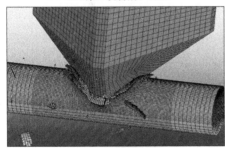
（c）第三次切削6~9mm

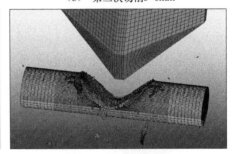
（d）第四次切削9~12mm

图 6.2.2　边部合金切削钢筋效果

根据仿真结果可推断，实际工程中应用该新型切桩刀具时，在筋身被周边混凝土良好包裹固定的情况下，可将钢筋逐渐切薄直至切断。

图 6.2.3 为切削过程中的钢筋等效应力分布，由于采用 cm-g-μs 建模，应力的基本单位是 10^{11}Pa。新型刀具在四次切削过程中，钢筋等效应力最大值一直在 1100~1150MPa 内波动，与前面刀刃切削钢筋模型的波动范围相同。据此可认为：在切削速度一定的情况下，钢筋应力最大值与被切削体积和刀具刀刃形状无关。

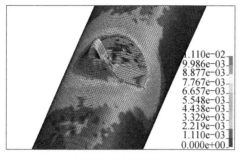 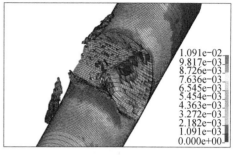

（a）第一次切削0~3mm　　　　　　　　（b）第三次切削6~9mm

图 6.2.3　钢筋等效应力分布

2）刀具应力分析

切削钢筋时，刀身应力主要集中在刀头尖角处以及正前刀面和侧前刀面的棱线处，即刀身与钢筋主要接触的部位，由于这些部位应力较高，因此刀具磨损也较快、较大。

根据仿真计算结果（见图 6.2.4），在全过程切削钢筋中，刀具最大应力不超过 1500MPa。盾构切桩所用的刀刃材料采用硬质合金，其抗弯强度能达到 1800MPa，这说明，正常切削情况下，硬质合金刀刃是可以满足切削钢筋要求的。

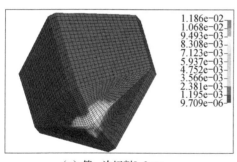 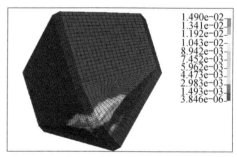

（a）第一次切削0~3mm　　　　　　　　（b）第三次切削6~9mm

图 6.2.4　刀具等效应力分布

3）切削力分析

图 6.2.5 为边部合金四次切削钢筋的切削力曲线，采用 cm-g-μs 建模，力的基本单位是 10^7N。对于圆柱状的钢筋，第一次切削时，由于切削横截面较小，刀具切向力（x 方向的接触力）要小于贯入力（z 方向的接触力），随着切削横截面的增大，切向力与贯入力基本相等。当第四次切削切至钢筋中部时，切向力达到 102.4kN，相当于约 10t 重物的重力，可见切削钢筋确实较难，需要足够大的切削力。

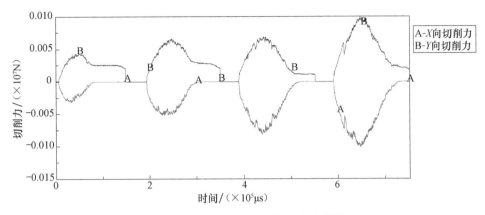

图 6.2.5　边部合金切削钢筋切削力曲线

切削过程中，切向力和贯入力先增大后减小，当切至 1/2 时，切向力达到最大。当一次切削结束后，切向力回零，但由于刀具仍压在筋身上，因此贯入力并不回零，而是持续为某一个值。

4）切削温度分析

切削钢筋过程中，一方面，刀刃对钢筋的切削功使钢筋发生强烈的弹塑性变形，进而转化为切削热；另一方面，刀刃与钢筋之间的摩擦功也会产生热量。钢筋的温度要高于刀具温度，热量和温度也会从钢筋传递至刀具。

如图 6.2.6 和图 6.2.7 所示，切削过程中，钢筋的最高温度为 700~900K，刀具的最高温度为 500~600K，最高温度在一定范围内波动。分析其原因为，随着切削进行，切削温度升高，热效应导致钢筋材料的塑性增强，切削更容易进行，切削力降低，导致温度降低，相应的热效应降低，又导致钢筋材料强度和硬度增强，塑性减弱，切削力增大，切削温度升高，如此波动。

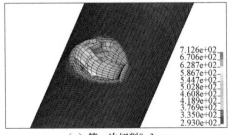

（a）第一次切削0~3mm

（b）第三次切削6~9mm

图 6.2.6　钢筋温度分布（单位：K）

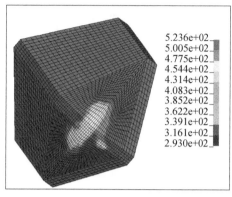

5.236e+02
5.005e+02
4.775e+02
4.544e+02
4.314e+02
4.083e+02
3.852e+02
3.622e+02
3.391e+02
3.161e+02
2.930e+02

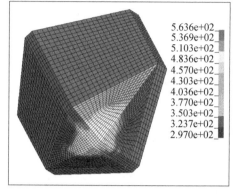

5.636e+02
5.369e+02
5.103e+02
4.836e+02
4.570e+02
4.303e+02
4.036e+02
3.770e+02
3.503e+02
3.237e+02
2.970e+02

（a）第一次切削0~3mm　　　　　　　　（b）第三次切削6~9mm

图 6.2.7　刀具温度分布（单位：K）

6.3　切深和切速对切削钢筋的影响规律

6.3.1　切深对切削钢筋的影响规律

如何设定刀具单次切削深度，是切削桩基时应考虑的一个重要问题。由于切削过程的非线性、刀具合金刀刃的复杂构型及钢筋为圆柱状，从理论上计算切削深度对切削钢筋的影响极为困难，有限元数值仿真提供了一种解决方法。图 6.3.1 和图 6.3.2 的切削力曲线分别对应单次切削深度 4mm 和 2mm，与单次切削 3mm 的工况相比，切向力和贯入力均变化明显。

从图 6.3.1 和图 6.3.2 可以看出，虽然单次切削深度不同，但是切削力曲线的变化特征及规律与单次切削 3mm 的工况基本一致。在逐次切削圆柱状钢筋过程中，切削横截面和切削体积也逐渐增大，但并非线性增大。

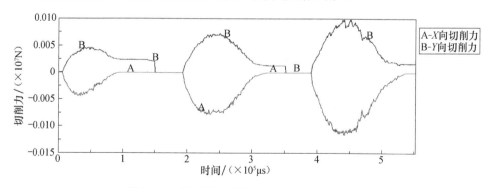

图 6.3.1　单次切削钢筋 4mm 时的切削力曲线

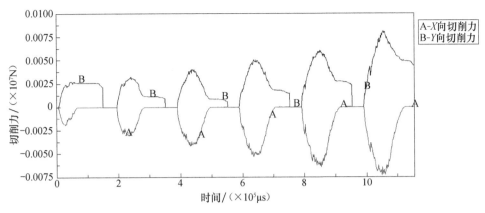

图 6.3.2　单次切削钢筋 2mm 时的切削力曲线

另外，对于单次切削 4mm 和 2mm 这两种工况，钢筋与刀具的最大应力变化范围均与单次切削 3mm 的工况基本相同，故此处并未给出钢筋和刀具的应力分布图。这也说明，不同的切削深度所造成的切削力变化主要是由切削截面变化引起的。

6.3.2　切速对切削钢筋的影响规律

地铁盾构直径约为 6m，切桩刀盘转速为 0.5~1.0r/min，因此盾构刀具的切削线速度一般为 0.03~0.3m/s。通过对比单次切削 3mm 与第一次切削的数据来研究切速对切削钢筋的影响。

从图 6.3.3 可以看出，当切削速度提高后，刀具切削钢筋的切向力和贯入力略有提高，钢筋温度和刀具温度也仅提高一点，说明切削速度对切削钢筋还是存在影响，但影响较小，因此在考虑刀盘转速设置时，可以忽略切速对切筋的影响。

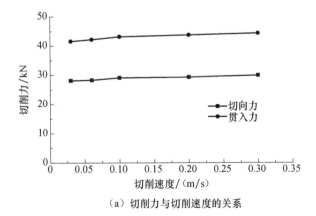

（a）切削力与切削速度的关系

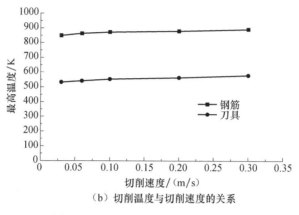

（b）切削温度与切削速度的关系

图 6.3.3 切削速度对切削钢筋的影响

6.4 新型刀具切削混凝土的力学特征与规律分析

6.4.1 动态切削全过程分析

新型刀具边部合金切削混凝土的网格模型及切削效果如图 6.4.1 所示。考虑

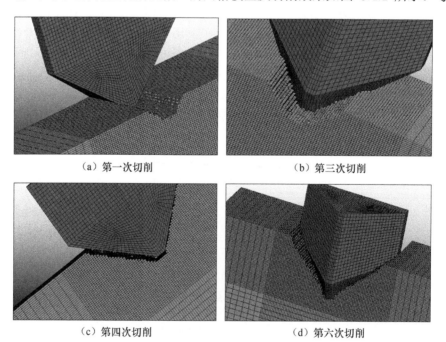

（a）第一次切削　　　　　　　　　　（b）第三次切削

（c）第四次切削　　　　　　　　　　（d）第六次切削

图 6.4.1 边部合金切削混凝土效果

合金刀头的凸起高度为 30mm，设定单次切削深度为 6mm，共切削 6 次，其他建模设置及参数同 5.6 节。

从图 6.4.1 可以看出，新型刀具对混凝土的单次切削破除范围为刀具经过的横截面区域内，在当前切削参数下，刀具侧边和下部的混凝土仍保留完整。在该模型中，虽然也定义了拉破坏和剪破坏失效准则，但与二维切削混凝土模型不同，仿真结果并没有出现拉破坏或剪破坏特征。分析其原因为：一方面，新型刀具的边部合金只是正前刀面的负前角与二维模型相同；另一方面，在 LS-DYNA 仿真中，裂纹的产生需要以足够的网格密度为前提，三维模型中较难体现出来。

6.4.2　混凝土和刀具应力分析

由图 6.4.2 可见，刀具前方一定区域内，混凝土的等效应力均远大于混凝土抗压强度，并非只局限于刀具与混凝土直接接触的区域，因而刀具对混凝土的单次破除区域为刀具前方某一范围内，使刀具切削混凝土具有跃进破碎的切削效果。

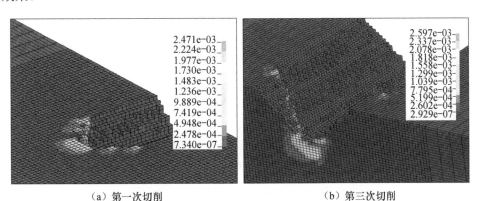

（a）第一次切削　　　　　　　　　　（b）第三次切削

图 6.4.2　混凝土等效应力分布（单位：10^{11}Pa）

由图 6.4.3 可以看出，刀具的等效应力主要分布在与混凝土相接触的范围，最大值为 330～380MPa，比切削钢筋时的受力小很多，这也说明正常情况下切削混凝土时，刀具发生崩损的可能性较小。

6.4.3　切削力分析

图 6.4.4 为新型刀具边部合金六次切削混凝土切削力曲线。合金刀头呈锥形凸起 30mm，前五次切削（0～30mm）中刀头为逐渐侵入切削混凝土，从第六次切削起，合金刀头进入稳态切削过程，之后单次切削的混凝土截面均相同。从图 6.4.4 可以看出，切削混凝土的切削力曲线具有显著的波动特征，这与切

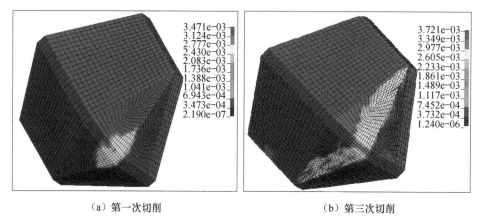

（a）第一次切削　　　　　　　　　（b）第三次切削

图 6.4.3　刀具等效应力分布（单位：10^{11}Pa）

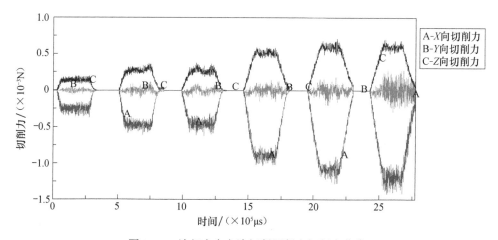

图 6.4.4　边部合金六次切削混凝土切削力曲线

削混凝土具有跃进破碎的切削特征是相对应的。与第 5 章三维刀刃切削混凝土模型仿真结果相同，新型刀具切削混凝土也是切向力大于贯入力且侧向力基本为零。

6.5　切深对切削混凝土的影响规律

实际工程切桩时，在绝大部分时刻新型刀具对混凝土的切削处于稳态过程。针对该过程研究切削深度对切削混凝土的影响，从图 6.5.1 可以看出，随着切深的增加，切向力和贯入力基本呈线性增加。

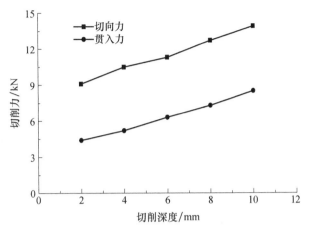

图 6.5.1　切削深度对切削混凝土的影响

6.6　切桩刀具磨损机理与类型判别

盾构刀具一般以硬质合金作为切削刀刃，所研发的新型切桩刀刃也采用硬质合金。硬质合金是由硬度和熔点很高的碳化物（硬质相）和金属（黏结相）通过粉末冶金工艺制成的，常用碳化物有 WC、TiC、TaC 等，黏结剂常用 Co。硬质合金常温洛氏硬度可达 89～94HRA，抗弯强度可达 1800MPa，耐热性为 800～1000℃。

对于硬质合金刀具，根据切削对象及相互作用过程的不同，共有五种可能的磨损类型，即磨粒磨损、黏结磨损、氧化磨损、扩散磨损和相变磨损。不同的磨损类型发生的条件及作用机理不同，如表 6.6.1 所示。

表 6.6.1　硬质合金磨损类型发生的条件及作用机理

磨损类型	发生条件	作用机理
磨粒磨损	相互摩擦；广泛存在	硬质颗粒或硬凸体如同"磨粒"，对合金表面摩擦和刻画属于机械磨损性质
黏结磨损	温度>500℃；压应力足够大	合金与被切削材料接触到原子间距离，合金晶粒或晶粒群受剪或受拉而被对方带走
氧化磨损	温度 700～800℃	合金材料与空气中的氧发生化学反应，在合金表面形成硬度较低的化学物且被切屑带走
扩散磨损	温度 800～1000℃	高温时，合金与被切削材料均有巨大的化学活泼性，化学元素互相扩散到对方
相变磨损	温度>900℃	超高温时，合金硬度显著降低，转为塑性材料

从表 6.6.1 可以看出，磨粒磨损作为一种机械磨损，发生条件较低，只要被切削对象中存在硬质点，合金刀具就可能发生磨粒磨损；而黏结磨损、氧化磨损、扩散磨损和相变磨损需要在高于 500℃温度下才会发生，可将这四种磨损类型概括为热磨损。

热力耦合三维切削仿真表明，新型刀具合金在切削钢筋全过程中，合金最高温度为 291℃，因此切筋时合金不会发生热磨损；对于切削混凝土，根据滚刀切削破除岩石经验来看，滚刀最高温度不会超过 500℃，而且，对于某一具体刀具，由于刀盘非全断面切桩，切削混凝土乃间歇性切削，具有良好的散热条件，因此可判断切削混凝土时，刀具合金温度不会较高。

钢筋虽为塑性较好的金属材料，但其材料构造中仍存在大量的氧化物、碳化物和氮化物等硬质点；而混凝土中的石子、中粗砂等粗细骨料，都属于强度较高的硬质颗粒，摩擦挤切都将对刀具合金产生磨粒磨损。综上分析，刀具合金切削桩基的磨损类型，无论是切削钢筋还是切削混凝土，均为磨粒磨损。

对于磨粒磨损，磨损量的大小一般与刀具和被切削体之间的相对滑动距离或切削路程成正比。切桩过程中，刀具切削钢筋只占极少时间和路程，因此，预测和实测分析刀具磨损量，基本以切削混凝土距离长度为依据即可。

6.7　本　章　小　结

本章以适应连续切削大直径桩基为目标，研发了新型切桩专用刀具；通过建立三维切削钢筋热力耦合模型和三维切削混凝土全过程模型，分析新型刀具的动态切削过程及切削性能，并结合仿真计算结果，对硬质合金刀具切削钢筋、混凝土的磨损机理进行了探讨，主要得到以下结论：

（1）新型切桩刀具在总体构型设计上应考虑四个原则：①刀身整体较为粗壮，刚度大、耐磨性强；②可布置固定的合金刀刃块数较多；③各合金刀刃布置在同一高度和一条线上；④刀身前后侧对称，以满足刀盘正反扭转需求。新型贝壳刀的刀身高度应同时考虑三方面因素：①与刀盘上现有刮刀的高差不应小于混凝土渣块的外形尺寸；②与刮刀的高差越大，对刮刀的保护作用越强；③刀身不可过高，否则容易被折断。

（2）新型刀具切削钢筋仿真表明，新型刀具能够按照设定的切削深度和切削速度，对钢筋逐次实施有效切削，顺着切削方向，由于边部合金刀头呈 V 形截面，因此所切削形成的切槽也为 V 形截面，切槽的底面基本与切削方向平行。切削过程中，钢筋等效应力最大值为 1100～1150MPa，刀具最大应力不超过 1500MPa，硬质合金刀刃可满足切削钢筋要求。切削时钢筋的最高温度为 700～900K，刀具的最高温度为 500～600K。

（3）对于切削钢筋，不同的切削深度对切向力和贯入力影响较为显著，但钢筋与刀具的最大应力变化范围基本相同，主要是由切削截面变化引起的。切削速度提高后，切削钢筋的切（向）力、贯入力、钢筋温度、刀具温度仅略有提高，说明切削速度对切削钢筋的影响较小，在考虑刀盘转速设置时，几乎可以忽略切速对切筋的影响。

（4）新型刀具切削混凝土仿真表明，新型刀具对混凝土的单次切削破除范围为刀具经过的横截面区域内，刀具侧边和下部的混凝土仍保留完整；刀具前方一定区域内，混凝土的等效应力均远大于混凝土抗压强度，使刀具切削混凝土具有跃进破碎的切削效果。刀具的等效应力主要分布在与混凝土相接触的范围，最大值为330～380MPa，说明正常情况下切削混凝土时，刀具发生崩损的可能性较小。切削混凝土的切削力曲线具有显著的波动特征，切向力大于贯入力且侧向力基本为零。

（5）实际工程切桩时，绝大部分时刻新型刀具对混凝土的切削处于稳态过程。该过程中，随着切深的增加，切向力和贯入力基本为线性增加。

（6）刀具合金切削桩基的磨损类型，无论是切削钢筋还是切削混凝土，均为磨粒磨损。

参 考 文 献

[1] Rech J，Claudin C，D'Eramo E. Identification of a friction model-application to the context of dry cutting of an AISI 1045 annealed steel with a TiN-coated carbide tool[J]. Tribology International，2009，42（5）：738-744.

[2] Davies M A，Cao Q，Cooks A L，et al. On the measurement and prediction of temperature fileds in machining AISI 1045 steel[J]. CIRP Annals-Manufacturing Technology，2003，52（1）：77-80.

第7章 切桩主力刀具配置与掘削参数控制的理论探析

7.1 切桩主力刀具的布置及数量

刀盘的布刀区域一般分成中心区、正面区和周边区等[1]，其中，正面区面积最大、布刀数量最多，是承担切桩任务的核心区。本书第 5 章所研发的新型贝壳刀均布置在正面区（$0.5\mathrm{m} \leqslant r \leqslant 3.1\mathrm{m}$），是切削大直径桩基的主力刀具。

7.1.1 布置方法比选

从几何学角度来看，刀具布置方法主要有阿基米德螺线布置法和同心圆布置法[2,3]。通常，刀盘全断面切削岩土时，阿基米德螺线布置法相对于同心圆布置法，能更好地控制刀盘不平衡力和倾覆力矩。但在切桩工况条件下，桩基竖截面远小于刀盘横断面，因此刀盘非全断面切削桩基，参与切桩的刀具数量随着刀盘旋转处于时刻变化中，因而难以应用阿基米德螺线布置法。考虑到已有的采用贝壳刀切桩的案例均采用同心圆布置法，因此本书也选用同心圆布置法来布置新型贝壳刀。

7.1.2 刀间距初步方案

相邻贝壳刀切削轨迹间距的确定，应以全覆盖面切削桩身混凝土为原则。若刀间距过大，相邻贝壳刀之间的混凝土不能被侧向挤压破除，从而造成"混凝土脊"（其概念类似于硬岩地层中相邻滚刀所形成的"岩脊"）积累并阻碍刀盘往前掘进。若刀间距过小，将使混凝土被切得过于破碎，切削效率低，也不利于钢筋被周边混凝土包裹固定。

新型贝壳刀对混凝土的侧向破除能力与刀刃形状、刀具尺寸、切削深度等多种因素相关。鉴于混凝土自身材料的复杂性及切削过程的显著非线性，难以从理论上对相邻刀具切削混凝土模型做出计算解析。盾构模型试验机虽然已广泛应用于盾构研究中，但由于在设计时一般不考虑切削混凝土问题，刀具安装固定系统和加载系统功能等均有限制，因此也不适用于本问题的研究。本章仍应用 LS-DYNA 仿真软件，对新型贝壳刀的侧向破除能力及临界刀间距进行研究。

如图 7.1.1 所示，建立双刀切削混凝土仿真模型，刀具与混凝土材料的本构模型及参数、接触算法的考虑、切削速度与边界约束设置等均与本书第 6 章模型相同。实际工程中在刀盘上布置刀具时，切削轨迹相邻的刀具不会安装在同一辐条上，因此，相邻切削轨迹的刀具不会在双侧边同时挤压破除中间的混凝土，这对侧向破除混凝土是有利的。仿真模型中，通过对两把刀具设置不同的起始切削时间，来实现相邻刀具对混凝土的前后相错切削。

图 7.1.1　双刀切削混凝土仿真模型

由于双刀切削模型计算时间较长，采用试算的方法找出混凝土脊是否积累的临界刀间距。如图 7.1.2 和图 7.1.3 所示，当相邻刀具切削轨迹的净间距（刀间距减去刀身宽度）≤6mm 时，两刀之间的混凝土可被侧向破碎；而当刀具净间距≥8mm 时，两刀之间将形成阻碍刀盘前进的混凝土脊。

根据仿真计算结果，理想情况下，如果仅依靠新型贝壳刀切桩，净刀间距应小于 6mm，因此需在刀盘上布置较密的切削轨迹，所需刀具数量也较多，刀具成本将会大幅上升。但在实际工程中，即便两把相邻新型贝壳刀中间起初存在较小窄度的混凝土脊，由于混凝土为不抗拉、剪的脆性材料，因此在后续盾构掘进中，

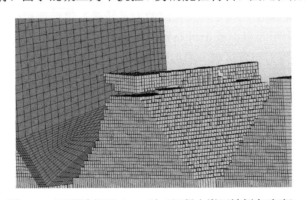

图 7.1.2　刀具净间距 6mm 时（混凝土脊可被侧向破碎）

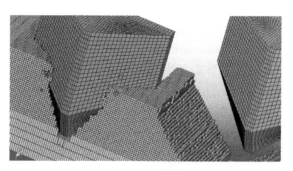

图 7.1.3　刀具净间距 8mm 时（混凝土脊保留完整）

小窄度的混凝土脊在新型贝壳刀的侧向碰触下也会破碎。另外，刀盘上布置有刮刀，也可利用刮刀充分刮除小体量的混凝土。综合考虑，苏州切桩工程兼顾全覆盖面切削要求和经济成本因素，新型贝壳刀的净间距取为 16mm，即刀间距 80mm。在苏州实际工程施工前，先开展切桩现场试验，验证该刀间距的合理性，同时，试验所用刀盘上还会设置有-4mm（负表示刀身重叠）和 36mm 的净刀间距（刀间距 60mm 和 100mm），以研究不同净刀间距下的切桩效果。

7.1.3　轨迹布刀数量和相位角的设置

切削轨迹上布置刀具数量的多少，对刀具磨损量存在显著影响。盾构刀具在硬岩、砂卵石等地层中的磨损量，一般随着切削半径的增大而变大。参考此规律，切削桩基布置刀具时，在刀盘的外轨迹上比内轨迹上布置更多数量的新型贝壳刀：刀盘内周（$r \leqslant 2.0$m）、中周（2.0m$< r \leqslant 3.0$m）、外周（3.0m$< r \leqslant 3.17$m）每条轨迹分别布置 1 把、2 把、3 把新型贝壳刀，共布置 34 个轨迹、49 把新型贝壳刀。

对于一个轨迹布置一把刀具的情况，相邻轨迹若按照相等的相位角差值布置刀具，可有助于减小刀盘不平衡力和倾覆力矩；而对于一个轨迹布置两把及以上刀具的情形，为有利于平均发挥各刀具的切削性能并延长使用寿命，可将该轨迹上的各刀具以间隔 $360°/n$（n 为该轨迹的刀具数量）进行等相位角布置。但实际工程在布置时，由于刀盘面板上可布置刀具的面积是有限的（尤其是开口率较大的刀盘），且在超挖刀布置区域、添加剂注入口等位置不可布置刀具，因此往往与理想效果有差距。

7.2　刀盘切桩受力计算模型

7.2.1　数学模型建立

以盾构刀盘平面为 XY 平面，建立刀盘切桩的笛卡儿坐标系，刀盘初始位置对应于超挖刀在正上、正下时，如图 7.2.1 所示，设桩身宽度为 B，桩基中心偏移刀盘中心的水平距离为 S。

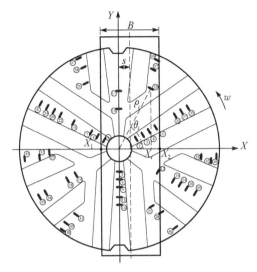

图 7.2.1　刀盘切桩数学模型

一般情况下，盾构掘进遇到的桩基障碍物，其桩身直径不会超过 1.5m，无论是切削桩身截面不变的方桩还是桩身竖截面先增大后减小的圆桩，桩身被切削的截面积均只占刀盘横断面的小部分。因此，在任何时刻都只是刀盘上的部分刀具在参与切削桩基。在图 7.2.1 中，设刀具在某时刻的坐标为 (X_i, Y_i)，刀盘旋转角速度为 w，则

$$X_i = \rho_i \cos(\theta_i + wt) \tag{7.2.1}$$

式中，ρ_i 为刀具的安装半径（切削半径）；θ_i 为当刀盘处于初始位置时的刀具起始相位角；t 为刀盘从初始位置起已经旋转的时间，$t \in (0, T)$，T 为刀盘旋转周期，逆时针旋转为正。

判定某时刻哪些刀具正在切削桩基的条件为

$$X_1 \leqslant X_i \leqslant X_2 \tag{7.2.2}$$

式中，$X_1 = S - \dfrac{B}{2}$；$X_2 = S + \dfrac{B}{2}$（考虑桩基向右偏离的情形）。

7.2.2　刀具切深的确定

苏州切桩工程所用的盾构机刀盘上，共布置 49 把正面大贝壳刀在 34 个切削半径上，刀盘内周、中周、外周部位在每个切削半径上分别布置 1 把、2 把、

3 把刀具。

设盾构掘进切桩时，千斤顶推速为 v，刀盘转速为 n，则刀盘旋转一周的切深为：$P_{pan}=v/n$。设单把刀具对桩基的切深为 P_i，在刀盘内周部位，每个切削半径上的刀具独自承担该切削半径上的全部切削任务，故 $P_i=P_{pan}$；在刀盘外周部位，每个切削半径上的三把刀具按相等的相位角均匀布置，无论刀盘旋转方向如何，三把刀具均为平均分摊切削任务，故 $P_i=P_{pan}/3$。表 7.2.1 和表 7.2.2 分别给出了刀盘内周和外周部位的刀具布置情况，其中 i 为刀具编号。

表 7.2.1　刀盘内周部位的刀具布置及切削深度

i	ρ_i/mm	θ_i /(°)	P_i / mm	i	ρ_i/mm	θ_i /(°)	P_i / mm
1	0.5426	150	P_{pan}	11	1.3426	30	P_{pan}
2	0.6226	30	P_{pan}	12	1.4226	330	P_{pan}
3	0.7026	270	P_{pan}	13	1.5026	270	P_{pan}
4	0.7826	150	P_{pan}	14	1.5826	210	P_{pan}
5	0.8626	30	P_{pan}	15	1.6626	150	P_{pan}
6	0.9426	270	P_{pan}	16	1.7426	270	P_{pan}
7	1.0226	150	P_{pan}	17	1.8226	90	P_{pan}
8	1.1026	30	P_{pan}	18	1.9026	210	P_{pan}
9	1.1826	270	P_{pan}	19	1.9826	330	P_{pan}
10	1.2626	90	P_{pan}				

表 7.2.2　刀盘外周部位的刀具布置及切削深度计算

i	ρ_i/mm	θ_i /(°)	P_i / mm	i	ρ_i/mm	θ_i /(°)	P_i / mm
44		66	$P_{pan}/3$	47		114	$P_{pan}/3$
45	3.0226	186	$P_{pan}/3$	48	3.1026	234	$P_{pan}/3$
46		306	$P_{pan}/3$	49		354	$P_{pan}/3$

在刀盘中周部位，理想情况是按照等相位角对刀具进行布置，但由于刀盘面板上可布刀位置的限制，实际布置出来的刀具情况几乎全不是等相位角，如表 7.2.3 所示，此时刀盘旋转方向将对刀具切深和刀具寿命存在显著影响。

设同一切削半径上布置有 A 刀和 B 刀，A、B 刀的相位角分别为 θ_A、θ_B。下面分四种情况进行讨论。

1）刀盘逆时针旋转且 $\theta_B - \theta_A \leqslant 180°$

此时 B 刀切削在前，A 刀切削在后，A 刀总体处于 B 刀的保护之下，A 刀、B 刀的切深分别为

$$P_A = \frac{\theta_B - \theta_A}{360°} P_{pan} \leqslant \frac{P_{pan}}{2} \tag{7.2.3}$$

$$P_B = \frac{360° - (\theta_B - \theta_A)}{360°} P_{pan} \geqslant \frac{P_{pan}}{2} \tag{7.2.4}$$

2）刀盘逆时针旋转且 $\theta_B - \theta_A > 180°$

此时 A 刀切削在前，B 刀切削在后，B 刀总体处于 A 刀的保护之下，A 刀、B 刀的切深分别为

$$P_A = \frac{\theta_B - \theta_A}{360°} P_{pan} \geqslant \frac{P_{pan}}{2} \tag{7.2.5}$$

$$P_B = \frac{360° - (\theta_B - \theta_A)}{360°} P_{pan} < \frac{P_{pan}}{2} \tag{7.2.6}$$

3）刀盘顺时针旋转且 $\theta_B - \theta_A \leqslant 180°$

此时 A 刀切削在前，B 刀切削在后，A 刀、B 刀的切深分别为

$$P_A = \frac{360°(\theta_B - \theta_A)}{360°} P_{pan} \geqslant \frac{P_{pan}}{2} \tag{7.2.7}$$

$$P_B = \frac{\theta_B - \theta_A}{360°} P_{pan} \leqslant \frac{P_{pan}}{2} \tag{7.2.8}$$

4）刀盘顺时针旋转且 $\theta_B - \theta_A > 180°$

此时 B 刀切削在前，A 刀切削在后，A 刀、B 刀的切深分别为

$$P_A = \frac{360°(\theta_B - \theta_A)}{360°} P_{pan} < \frac{P_{pan}}{2} \tag{7.2.9}$$

$$P_B = \frac{\theta_B - \theta_A}{360°} P_{pan} > \frac{P_{pan}}{2} \tag{7.2.10}$$

切削在前的刀具切深更大，承担着更多的切削任务，因此刀具的损伤将更快、更厉害。表 7.2.3 以刀盘逆时针旋转为例，计算了刀盘中周部位各刀具的切削深度，为利于后期编程，将同一切削半径上先切的刀具编为小号。

表 7.2.3　刀盘中周部位的刀具布置及切削深度计算（刀盘逆时针转）

i	ρ_i / m	θ_i /(°)	$\Delta\theta_i$ /(°)	P_i / mm	i	ρ_i / m	θ_i /(°)	$\Delta\theta_i$ /(°)	P_i / mm
20	2.0626	30	269.5	$0.749P_{pan}$	22	2.1426	150	88.5	$0.754P_{pan}$
21		299.5		$0.251P_{pan}$	23		61.5		$0.246P_{pan}$

i	ρ_i / m	θ_i /(°)	$\Delta\theta_i$ /(°)	P_i / mm	i	ρ_i / m	θ_i /(°)	$\Delta\theta_i$ /(°)	P_i / mm
24	2.2226	330	147.5	$0.590P_{pan}$	34	2.6226	150	155.5	$0.568P_{pan}$
25		182.5		$0.410P_{pan}$	35		356.5		$0.432P_{pan}$
26	2.3026	117	87	$0.758P_{pan}$	36	2.7026	210	144	$0.60P_{pan}$
27		30		$0.242P_{pan}$	37		66		$0.40P_{pan}$
28	2.3826	303.7	153.7	$0.758P_{pan}$	38	2.7826	113.5	143.5	$0.601P_{pan}$
29		150		$0.242P_{pan}$	39		330		$0.399P_{pan}$
30	2.4626	330	94	$0.739P_{pan}$	40	2.8626	233.7	83.7	$0.768P_{pan}$
31		236		$0.261P_{pan}$	41		150		$0.232P_{pan}$
32	2.5426	185.5	155.5	$0.432P_{pan}$	42	2.9426	352.5	142.5	$0.604P_{pan}$
33		30		$0.568P_{pan}$	43		210		$0.396P_{pan}$

7.2.3 计算程序编制

盾构切桩刀盘上共布置有正面大贝壳刀、中心小贝壳刀和边缘大贝壳刀，限于计算机资源以及篇幅，第 3 章仅对作为切桩主力刀具的正面大贝壳刀进行了仿真分析。正面大贝壳刀切桩时，只是最前侧的边部合金刀刃挤压切削破除桩基，中部合金刀刃和后侧的边部合金刀刃仅与桩身存在轻微摩擦作用。

因此，编制刀盘受力计算模型时，假定：

（1）不考虑中心小贝壳刀和边缘大贝壳刀。

（2）忽略正面大贝壳刀的中部合金刀刃和后侧边部合金刀刃与桩身的轻微摩擦作用。

（3）考虑正面大贝壳刀进入稳态切削后的切削状况。

（4）仅考虑切削混凝土的情况。

第 3 章的仿真分析表明，正面大贝壳刀的合金刀刃切削混凝土进入稳态切削后，切向力 f_r 和贯入力 f_v 均与刀刃切深 P_i 呈线性正比关系，并获得了相应的比例系数。因此，当确定哪些刀具正在切削桩基后，便可按式（7.2.11）和式（7.2.12）计算推力和扭矩。

推力：

$$F_Z = \sum_{i=1}^{n} f_v = \sum_{i=1}^{n} (k_1 P_1) \tag{7.2.11}$$

扭矩：

$$M_z = \sum_{i=1}^{n} f_r \rho_i = \sum_{i=1}^{n} (k_2 P_i) \rho_i \qquad (7.2.12)$$

式中，坐标轴 Z 方向与 XY 平面相垂直；k_1 为贯入力 f_v 和刀刃切深 P_i 的比例系数；k_2 为切向力 f_r 和刀刃切深 P_i 的比例系数；n 为当时参与切削桩基的刀具总数量。

采用 MATLAB 程序对刀盘受力进行编程计算。编程思路和计算流程如下：

（1）预先将刀盘上各刀具的切削半径 ρ_i、起始相位角 θ_i、切深 P_i 等编入一个数据库中，以供调用。

（2）用户输入计算条件：桩基宽度 B、桩基偏移距离 S、刀盘切深 P_{pan}、刀盘角速度 w、刀盘已经旋转的时间 t。

（3）计算各刀具的 X 坐标，根据式（7.2.1）和式（7.2.2），从而确定哪些刀具正在切桩。

（4）计算每个刀具的切向力 f_r 和贯入力 f_v。

（5）根据式（7.2.11）和式（7.2.12）计算确定刀盘的推力 F_Z 和扭矩 M_Z，同时输出正在切桩的刀具总数量 n。

7.3　推力扭矩的特征与影响因素

7.3.1　切桩刀数和推力扭矩的变化特征

根据刀盘与桩基的相对位置关系，所切桩基可分为中部桩和侧部桩。将中部桩具体定义为桩基中心距刀盘中心的偏离距离小于一倍桩基半径的桩基，反之，偏离距离大于一倍桩基半径的桩基定义为侧部桩。为分别探求切削中部、侧部桩时推力扭矩的变化特征，本节以中部桩桩基中心正对刀盘中心和侧部桩桩基中心偏移刀盘中心 1.8m（苏州切桩工程中，桩基最大偏移量 1.8m）的情况为例，分别进行说明。

考虑桩基直径 1.2m 的工况，参考已有工程案例并结合苏州切桩工程筹划，刀盘切削深度取 2mm，刀盘转速取 0.8r/min（角速度为 0.837rad/s）。根据上述条件，计算刀盘旋转切削中部桩、侧部桩一周过程中的切桩刀具数量变化情况，如图 7.3.1 所示。可以看出，无论是切削中部桩还是侧部桩，切桩刀具数量均呈现显著的波动性。刀盘上共配置正面大贝壳刀 49 把，切削中部桩时，切桩刀具数量为 9～15 把，平均 11.9 把，占总数的 27.3%；切削侧部桩时，切桩刀具数量为 5～14 把，平均 9.3 把，占总数的 19.0%。切削中部桩的切桩刀具数量大于切削侧部桩，主要是因为切削中部桩时桩身与刀盘的面积比要大于切削侧部桩时。

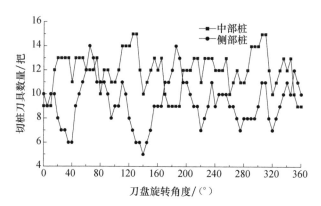

图 7.3.1　切桩刀具数量随刀盘旋转角度的变化曲线

　　由式（7.2.11）可知，刀盘推力大小与当前正参与切桩的刀具数量和刀具所处的切削轨迹相关（决定刀具切深）。从图 7.3.2 可以看出，无论是切削中部桩还是侧部桩，推力曲线的变化特征均与切桩刀具数量曲线的变化特征极为相似，这说明切桩刀具数量是影响推力的主要因素。由于切削中部桩时的切桩刀具数量多于切削侧部桩时，从图 7.3.2 中也可以看出，切削中部桩的推力要大于切削侧部桩。

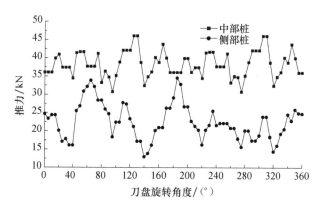

图 7.3.2　推力随刀盘旋转角度的变化曲线

　　由式（7.2.12）可知，刀盘扭矩不仅与当前正参与切桩的刀具数量有关，还跟切削半径及其所决定的刀具切深有关。从图 7.3.3 可以看出，扭矩曲线的变化特征和切桩刀具数量曲线的变化特征也较为相似，无论是切削中部桩还是侧部桩，切桩刀具数量同样也是影响扭矩的主要因素。但不同于推力，切削中部桩的扭矩值与切削侧部桩的扭矩值大致相当，这主要是因为切削侧部桩时参与切桩刀具的总体切削半径要大于切削中部桩时。

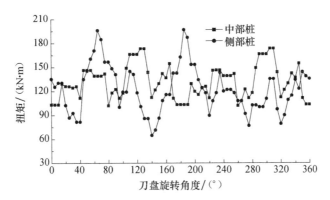

图 7.3.3 扭矩随刀盘旋转角度的变化曲线

7.3.2 桩身宽度对推力扭矩的影响

桩身宽度问题来源于两方面：一是不同粗细的圆桩或方桩，其最粗处的桩身宽度是不同的；二是对于圆桩，在切削过程中桩基竖截面的宽度也是动态变化的，先逐渐增大后又逐渐减小。从图 7.3.4 可以看出，随着桩身宽度的增大，切桩刀具数量的最小值、平均值和最大值均随之增大，而且，对于切削中部桩和侧部桩，切桩刀具数量平均值与桩身宽度均呈现良好的线性相关性。

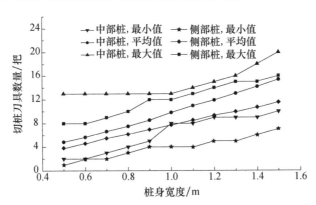

图 7.3.4 切桩刀具数量与桩身宽度的相关关系

如图 7.3.5 所示，无论是中部桩还是侧部桩，推力、扭矩平均值均和桩身宽度呈线性关系，这表明切削大直径桩基的推力、扭矩将明显高于切削小直径桩基。对于中部桩，随着桩身宽度的不断增大，推力、扭矩最大值先平稳不变然后再基本呈线性增加；而对于侧部桩，推力、扭矩最大值一直呈持续增大趋势。

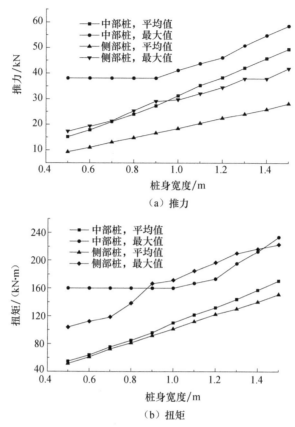

（a）推力

（b）扭矩

图 7.3.5　推力、扭矩与桩身宽度的相关关系

7.3.3　桩基偏移距离对推力扭矩的影响

考虑桩身宽度为 1.2m 的情形，由图 7.3.6 可知，随着桩基中心偏移刀盘中心

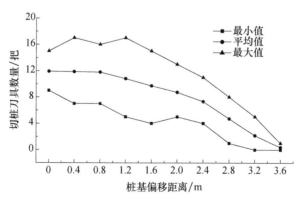

图 7.3.6　切桩刀具数量与桩基偏移距离的相关关系

距离的不断增大，切桩刀具数量总体不断减少，减少速度先缓慢后加快。分析其原因为：当刀具配置确定后，切桩刀具数量主要取决于桩基面积占刀盘面积的大小。由于刀盘是圆截面，在桩身宽度一定的条件下，必然是越偏离刀盘中心，桩基占刀盘面积的比例就越小，因而切桩刀具数量也越少。

从图 7.3.7 可以看出，随着桩基偏移距离的增大，推力和扭矩基本呈现逐渐减小趋势。但桩基偏移距离在 0～1.2m 时，扭矩逐渐增大，虽然该段部分的切桩刀具数量基本不变，但切桩刀具的总体切削半径却在增大。

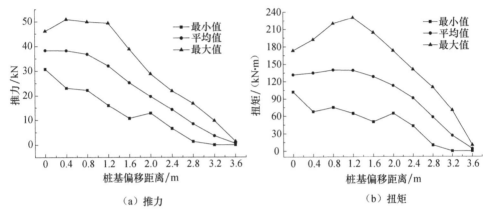

（a）推力　　　　　　　　　　　　　　　（b）扭矩

图 7.3.7　推力、扭矩与桩基偏移距离的相关关系

7.4　不平衡力和倾覆力矩的特征与影响因素

7.4.1　计算方法

刀盘掘进切削桩基时，除了在掘进方向(Z 轴)上承受推进阻力，还在刀盘平面（XY 坐标面）内受到不平衡力 F_X 和 F_Y；不仅承受绕 Z 轴旋转的扭矩，还承受绕 X 轴、Y 轴旋转的倾覆力矩 M_X 和 M_Y。F_X、F_Y 来源于各刀具的切向力在 X 方向、Y 方向上的分力，M_X、M_Y 来源于各刀具的贯入力绕 X 轴、Y 轴的力矩。由于刀盘非断面切桩，不平衡力和倾覆力矩将会较大，尤其是切削侧部桩时。

根据以上分析并结合图 7.2.1，可确定不平衡力的计算公式为

$$F_X = -\sum_{i=1}^{n} f_\mathrm{r} \sin(\theta_i + wt) = -\sum_{i=1}^{n} (k_2 P_i)\sin(\theta_i + wt) \tag{7.4.1}$$

$$F_Y = -\sum_{i=1}^{n} f_\mathrm{r} \cos(\theta_i + wt) = -\sum_{i=1}^{n} (k_2 P_i)\cos(\theta_i + wt) \tag{7.4.2}$$

倾覆扭矩的计算公式为

$$M_X = -\sum_{i=1}^{n} f_v \rho_i \cos(\theta_i + wt) = \sum_{i=1}^{n} (k_1 P_i) \rho_i \cos(\theta_i + wt) \qquad (7.4.3)$$

$$M_Y = -\sum_{i=1}^{n} f_v \rho_i \sin(\theta_i + wt) = \sum_{i=1}^{n} (k_1 P_i) \rho_i \sin(\theta_i + wt) \qquad (7.4.4)$$

根据式（7.4.1）和式（7.4.2）可计算刀盘不平衡合力：

$$F_u = \sqrt{F_X^2 + F_Y^2} \qquad (7.4.5)$$

根据式（7.4.3）和式（7.7.4）可计算刀盘倾覆合力矩：

$$M_u = \sqrt{M_X^2 + M_Y^2} \qquad (7.4.6)$$

以计算推力和扭矩所用的 MATLAB 程序为基础，添加不平衡力和倾覆力矩的计算函数，便可输出计算结果。

7.4.2 切削中部桩和侧部桩的变化特征

图 7.4.1 为切削中部桩时刀盘不平衡力和倾覆力矩的变化曲线，采用与计算推力和扭矩相同的设定条件，即桩基中心正对刀盘中心，桩基直径 1.2m，刀盘切削深度 2mm，刀盘转速 0.8r/min。对于不平衡力，切削中部桩时，刀盘中心以上刀具所受切向力的水平分量和垂直分量，相对于刀盘中心以下的刀具，作用力方向是相反的，因此可相互抵消一部分。对于倾覆力矩 M_X，刀盘中心以上、以下刀具所受贯入力所产生的力矩旋转时针相反，因此可以抵消一部分；对于倾覆力矩 M_Y，刀盘中心以左、以右刀具所受贯入力所产生的力矩旋转时针相反，而且刀具贯入力所对应的力臂也较小。因此，从图 7.4.1 可以看出，切削中部桩时，不平衡力和倾覆力矩均较小。

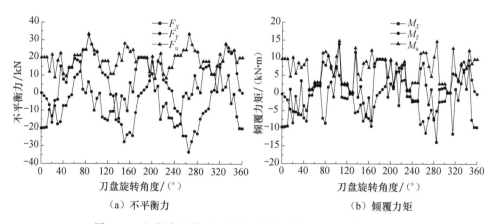

（a）不平衡力

（b）倾覆力矩

图 7.4.1 切削中部桩时刀盘不平衡力和倾覆力矩的变化曲线

研究切削侧部桩时刀盘不平衡力和倾覆力矩的变化曲线特征，仍以侧部桩以桩基中心偏移刀盘中心 1.8m 的情况为例进行说明，如图 7.4.2 所示。对于不平衡力，刀盘中心以上、以下刀具所受切向力的垂直分量为同一方向，因此 F_Y 较大；对于倾覆力矩，刀盘中心以上、以下刀具所受贯入力对 Y 轴的旋转方向一致，且相应的力臂也不小，因此 M_Y 较大。这表明，在切削侧部桩时，需特别注意防范不平衡力和倾覆力矩，以避免刀盘受力严重失衡而产生过大变形甚至断裂等。

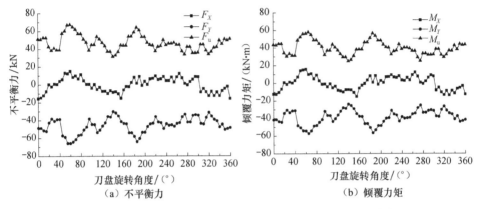

图 7.4.2　切削侧部桩时刀盘不平衡力和倾覆力矩的变化曲线

7.4.3　桩身宽度和偏移距离的影响

如图 7.4.3 所示，对于中部桩，随着桩身宽度的增加，不平衡力和倾覆力矩总体减小，因为切桩刀具分布关于 X 轴、Y 轴的不对称性降低。而对于侧部桩，随着桩身宽度增加，不平衡力与倾覆力矩的平均值和最大值均显著增加，其中，平均值与桩身宽度基本呈线性正比关系。

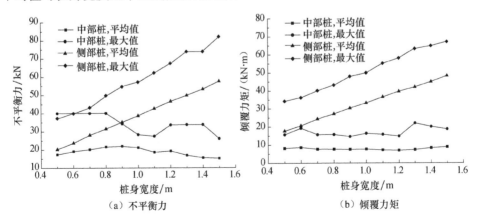

图 7.4.3　不平衡力、倾覆力矩与桩身宽度的相关关系

随着桩基偏移距离增大，刀盘不平衡力与倾覆力矩均是先增大后减小。当桩基偏移距离为 0～1.2m 时，切桩刀具数量基本不变（见图 7.4.4），而切向力在垂直方向的分量以及贯入力相对于 Y 轴的力臂，却随着桩基偏移距离的增大而增大。但之后，由于切桩刀具数量开始锐减且占主要因素，因此不平衡力与倾覆力矩也必然减小。

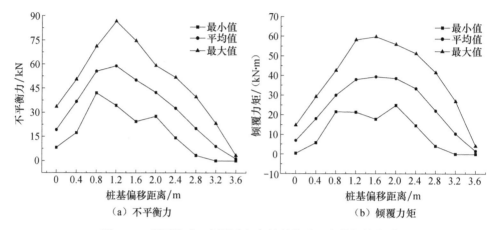

（a）不平衡力　　　　　　　　　　（b）倾覆力矩

图 7.4.4　不平衡力、倾覆力矩与桩基偏移距离的相关关系

7.5　切削参数设置和控制建议

盾构刀盘直接切桩应以"磨削"为基本理念，因此设定推速应足够小，慢磨切削混凝土和钢筋，不仅能减小刀具损伤，而且有利于控制推力和扭矩，尤其是对于切削大直径桩基。

根据仿真计算结果及式（7.2.11）、式（7.2.12），推力扭矩和不平衡力、倾覆力矩均与刀盘切深成正比。因此，通过调整切深来动态调整推力扭矩或者控制刀盘所受不平衡力，将是非常有效的。

刀盘切深等于千斤顶推速除以刀盘转速，当推力和扭矩较大时，可通过下调推速或者加快刀盘转速以减小切深。但若刀盘转速较大，则会使刀具在触碰桩基时受到较大的侧向冲击，造成合金崩裂，尤其是位于刀盘边缘、切削线速度较大的刀具。因此，切桩时应主要通过调整推速来实现调整切深。

当刀盘切桩长时间按一个方向旋转后，新型贝壳刀的两块边部合金将会不等量磨损，造成一块较锋利、一块较钝。因此，通过调整刀盘转向，利用较为锋利的边部合金切桩，有助于降低推力和扭矩。

切削不同尺寸的桩基时，根据 7.3.2 节的研究，推力和扭矩平均值将与桩身宽度呈线性关系。因此，为将推力和扭矩控制在安全范围，切削大直径桩应比切削小直径桩采用更小的切深。

对于切削不同位置的桩基，当桩基偏移距离为 0.8~2.4m，尤其偏移 1.2m 左右时，刀盘不平衡力和倾覆力矩都较大，刀盘将会严重受力不均，可能发生严重变形甚至开裂等情况。因此切削这类桩基时，也应该采取小切深模式。

7.6　本　章　小　结

本章主要采用理论分析方法并结合 MATLAB 编程等，对切桩主力刀具配置、被动掘削参数的变化特征、主动掘削参数设置等展开了深入研究，主要研究结论如下：

（1）宜采用同心圆法布置新型贝壳刀；相邻切削轨迹刀间距的确定，应以能全覆盖面切削桩身混凝土为原则；建议按等相位角确定刀具位置，有利于平均发挥各刀具的切削性能并延长使用寿命。

（2）通过建立刀盘切桩数学模型，编制刀盘受力计算程序，获得了推力、扭矩变化特征及影响规律；切桩刀具数量呈现显著的波动性，是影响推力、扭矩变化特征的主要因素；总共 49 把刀具中，切削中部桩时和切削侧部桩时的切桩刀具数量分别为 9~15 把和 5~14 把，只有少数刀具在同一时刻参与切削桩基；无论是切削中部桩还是侧部桩，推力、扭矩平均值均和桩身宽度呈线性关系；随着桩基偏移距离的增大，推力和扭矩基本呈现逐渐减小趋势。

（3）通过刀盘受力计算程序，获得了不平衡力与倾覆力矩的变化特征及影响规律。切削侧部桩时，刀盘承受不平衡力和倾覆力矩较大，需特别防范；对于中部桩，随着桩身宽度的增加，不平衡力和倾覆力矩总体减小，而对于侧部桩，随着桩身宽度增加，不平衡力与倾覆力矩的平均值和最大值均显著增加，其中平均值与桩身宽度基本呈线性正比关系；随着桩基偏移距离的增大，无论是切削中部桩还是侧部桩，刀盘不平衡力与倾覆力矩均是先增大后减小。

（4）盾构刀盘直接切桩应以"磨削"为基本理念，设定推速应该足够小，慢磨切削混凝土和钢筋；推力、扭矩、不平衡力、倾覆力矩均与刀盘切深成正比，通过调整切深来动态调整推力、扭矩或者控制刀盘所受非平衡力将是非常有效的；改变刀盘转向，可换用较为锋利的一侧合金刀刃切桩，有助于降低推力和扭矩。

（5）切削不同尺寸的桩基时，由于推力、扭矩平均值均和桩身宽度呈线性关系，切削大直径桩应比切削小直径桩采用更小的切深；当桩基偏移距离为 0.8~2.4m，尤其偏移 1.2m 左右时，刀盘不平衡力和倾覆力矩都较大，切削这类桩基时，也应该采取小切深模式。

参 考 文 献

[1] 黄清飞. 砂卵石地层盾构刀盘刀具与土相互作用及其选型设计研究[D]. 北京：北京交通大学，2010.

[2] 蒲毅，刘建琴，郭伟. 土压平衡盾构机刀盘刀具布置方法研究[J]. 机械工程学报，2011，47（15）：161-168.

[3] 喜温. 土压平衡式复合盾构刀盘的刀具优化配置研究[D]. 长沙：中南大学，2010.

第 8 章　切桩盾构设备的适应性改造

8.1　所用盾构机改造前情况

苏州切桩工程拟使用 1 台 φ6340 土压平衡盾构机进行三医院站—石路站区间施工，设备编号为"富工号"，型号为日本小松 TM634PMX，该盾构机的主机结构图和刀盘结构图分别如图 8.1.1 和图 8.1.2 所示。

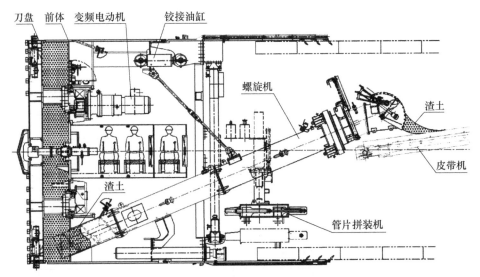

图 8.1.1　小松 TM634PMX 型土压平衡盾构机主机结构图

结合以往土压平衡盾构机掘进的施工经验和技术成果，为适应在粉质黏土、粉砂等软土中进行开挖掘进，该盾构机刀盘结构采用辐条加面板型，如图 8.1.3 所示。

该盾构机改造前的主要技术参数如表 8.1.1 所示。

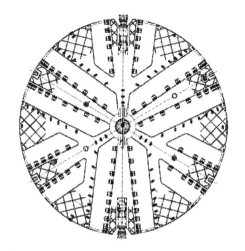

图 8.1.2　小松 TM634PMX 型盾构机刀盘结构

图 8.1.3　改造前刀盘实物

表 8.1.1　盾构机改造前主要技术参数表

序号	位置	项目名称	参数
1	适应工作条件	地层土质种类	粉质黏土、黏土及粉砂
		最小转弯曲线半径/m	150
		最大坡度/‰	40
2	盾构整体	总长/mm	8680
		总重/t	330
		开挖直径/mm	6340
		装备总功率/kW	约 1050
		最大掘进速度 /（cm/min）	8.5
		最大推力/t	3850
		盾尾密封	3 道
		土压传感器	数量 4，位置土仓
3	刀盘	型式	辐条加面板式
		开挖、超挖直径 / mm	开挖 ϕ6340、超挖 ϕ6420
		最大转速 /（r/min）	1.3
		扭矩 /（kN·m）	5151

序号	位置	项目名称	参数
3	刀盘	脱困扭矩 /（kN·m）	6181
		驱动功率 / kW	8×55 ＝440
		刀盘开口率 / %	40
4	人闸	型式	双闸
		直径 / mm	1750
		工作压力 / MPa	0.3
5	螺旋输送机	型式	有轴伸缩式
		出渣量 /（m³/h）	233（100％）
		双层闸门配置	配置后置式双闸门

8.2　刀盘、刀具改造加强

8.2.1　切桩主力刀具配置

前面已指出，刀盘的布刀区域一般分成中心区、正面区、周边区，其中正面区面积最大、布刀数最多，是承担切桩任务的核心区，本书第 5 章所研发的新型贝壳刀均布置在正面区（0.5m≤r≤3.1m），是切削大直径桩基的主力刀具，为便于后面表述，统一称该刀为正面大贝壳刀。

关于正面大贝壳刀的刀刃型式、尺寸大小、布置方式及刀间距等，第 6 章和第 7 章已进行了系统研究和详细描述，此处不再赘述。

8.2.2　其他切桩刀具的设计及布置

在刀盘的中心区、周边区和超挖区也布置有专门用于切桩且经过适应性设计的贝壳刀，但其型式与尺寸不同于布置在刀盘正面区的正面大贝壳刀。

在中心鱼尾刀切削区域，通过在中心鱼尾刀上加焊小贝壳刀（以下称为中心小贝壳刀）以增强中心鱼尾刀区域的切桩能力，同时，通过对原中心鱼尾刀降低高度和增加宽度，以增强中心鱼尾刀的抗弯抗折能力。由于中心小贝壳刀的切削任务较轻，刀头采用单面刃形式，每把刀镶嵌四块高强硬质合金。中心小贝壳刀高 132mm、长 164mm、宽 64mm，共布置 10 把，如图 8.2.1 所示，最高处小贝壳刀的刀尖高于刀盘面板 350mm。

为保护盾壳能够顺利通过残桩，切桩时应适当扩挖桩基，使开挖直径大于盾壳外径，因此刀盘最外边缘配置边缘大贝壳刀，采用易于扩挖的锐角单面刃形式，

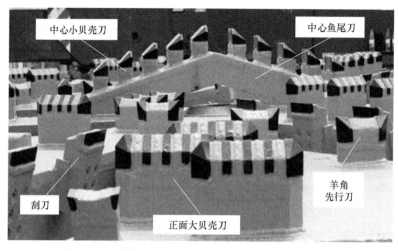

图 8.2.1　正面大贝壳刀、中心小贝壳刀、羊角先行刀

刀尖向外倾出刀盘 15mm，如图 8.2.2 所示。该锐角单面刀刃耐磨性较差且处于易磨损的最外轨迹，因此配置 6 把。日本小松盾构机的注浆注油脂管路采用外置凸起式，为保护外包管不被残桩所触伤，需开启仿形刀适当扩挖桩基。因此，将仿形刀刀头也改为贝壳刀形式，并改用硬质材料的导杆。

图 8.2.2　边缘大贝壳刀和仿形刀

　　另外，鉴于全断面连续切削 7 根大直径钢筋混凝土桩基，难度大、风险高，且之前无同等难度施工案例可借鉴，因此为增大安全系数，在刀盘上配备第二梯队的储备切削刀，其高度介于正面大贝壳刀和刮刀之间，且与正面大贝壳刀处于同一轨迹。正面大贝壳刀损伤较小时，储备切削刀不参与切桩工作，但当正面大贝壳刀损伤严重或整刀从刀盘脱落后，该轨迹的储备切削刀开始发挥切桩作用。考虑到储备切削刀主要以切削混凝土为主，故储备切削刀采用羊角先行刀形式。

8.2.3　加强改造后的刀盘、刀具装配图

加强改造完成后的刀盘、刀具装配图如图 8.2.3 所示，刀盘上新增切桩专用刀具 105 把，改造刀具 3 把，加之原有的 90 把刮刀、4 把边刮刀、12 把小先行刀，改造后的刀盘上共配备刀具 214 把，刀盘、刀具的切削能力大大加强。

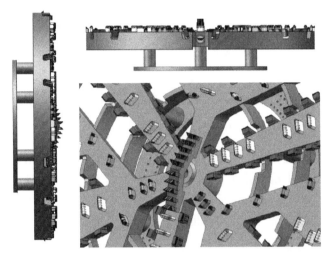

图 8.2.3　加强改造完成后的刀盘、刀具装配图

8.3　螺旋输送机改造

8.3.1　改造方案探讨

在富水软弱地层，一般使用有轴式螺旋输送机。但根据调研结果，这种螺旋输送机排出盾构切桩产生的钢筋条和碎桩块的能力较差，钢筋条和碎桩块很有可能卡住螺旋输送机，使螺旋输送机无法正常运转排除渣土，从而无法正常掘进施工。为了使盾构切桩产生的钢筋条和碎桩块能较为顺畅地排出，应采用无轴式螺旋输送机，即带式螺旋输送机，如图 8.3.1 所示。

即使是使用无轴式螺旋输送机，也有可能发生钢筋及混凝土块无法排出。因此，需要在可能的范围内加大螺旋输送机的直径，以增加排出不规则形状钢筋以及混凝土块的能力；由于螺旋输送机将要排出的不规则形状钢筋及混凝土块与以往的土砂不同，需要加大螺旋输送机的功率；另外，为了解决排出不规则形状钢筋以及混凝土块困难问题，还应在螺旋输送机外壳、螺旋机前端靠近胸板处追加注泥浆孔及注浆管路，必要时也可用于加固土体，防止喷涌现象的发生。再者，

图 8.3.1　带式螺旋输送机

为了及时观察和处理不规则的钢筋以及可能发生的排土不畅等情况，应在螺旋输送机上多设几处施工观测孔（50cm×50cm），可用于临时紧急处理卡住钢筋操作窗口，即用人工切割刀具将钢筋或混凝土块切成小块排出。对土仓内的螺旋输送机头部应进行加强处理，以应对可能遇到的断桩及钢筋。

8.3.2　改造实施具体方案

从利于排渣、降低磨损、加强应急三个方面对螺旋输送机进行改进。利于排渣方面，将螺杆由之前的有轴式改为无轴式，较开阔的内部空间更利于钢筋条和碎桩块的顺畅排出，另外，增加 1 台液压马达，排渣扭矩可增加 33%；降低磨损方面，在螺旋杆外侧表面上增加耐磨堆焊，同时在螺旋筒内壁上也增焊耐磨格栅；加强应急方面，在筒体外壳上追加 4 个检查孔，在出现钢筋卡死螺旋输送机的紧急情况下，可采用人工方法切断钢筋。为了安全打开检查孔以实施人工切筋作业，在螺旋输送机前段靠近胸板处添加加固土体用的注浆管路，防止发生喷涌现象。改造后的带式螺旋输送机模型如图 8.3.2 所示。

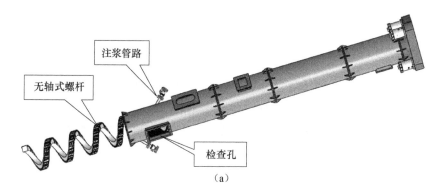

（a）

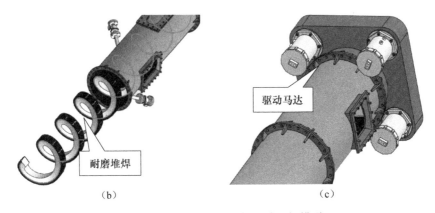

（b）　　　　　　　　　　　　　　　（c）

图 8.3.2　改造后的带式螺旋输送机模型

8.4　其他改造措施

考虑到盾构机切桩的工程特性，除需要对盾构机刀盘、刀具及螺旋输送机进行改进外，还需要进行其他改造措施，叙述如下：

1. 增设小流量推进泵

由于大直径桩基中存在粗钢筋，为保护刀具，刀盘切削时应让刀具每次只切削一点，即以"磨削"为基本切桩理念。但根据试验可知，切桩时刀盘非全断面切削，刀盘受到的切削阻力和推进阻力呈动态变化，若采用盾构机自带的大流量千斤顶推进，由于其单次调整流量幅度较大，难以将实际推速控制在稳定范围。因此，应增加一台小流量低速推进泵，以保证盾构机切削桩基时能够低速、稳速推进。

2. 加强外包管保护

为降低盾构机过桩时上部残桩对外包管造成损伤的风险，将外包管做如下改造：①降低外包管的突起高度，从原有的 12cm 降为 8cm；②在外壳板上追加配置减轻阻力用的先行刀（见图 8.4.1）；③根据隧道与桩基的相对位置关系分析，原上、下部位两路的注脂外包管遇到桩的次数较多，因此，去掉上、下部位的油脂外包管，

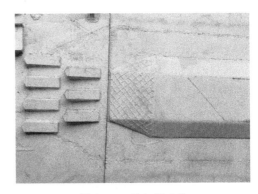

图 8.4.1　外包管改造

原处用钢板焊住，将向该位置注脂的配管与盾构机内右上用和左下用的注脂配管分别合流。

3. 增加人舱系统

增加人舱系统，并做气密性等相关检验，确保其性能完好，保证能够带压进舱换刀。

8.5　刀盘刚度加强与检算

常规盾构机刀盘在设计时，并未考虑切削钢筋混凝土问题，切桩时，刀盘的刚度和强度可能存在不足的情况。为此，针对苏州地铁盾构机连续切削大直径群桩，提出通过增焊两圈厚度为 70mm 的加强肋板对刀盘进行加强，加强肋如图 8.5.1 中黑色椭圆处所示。

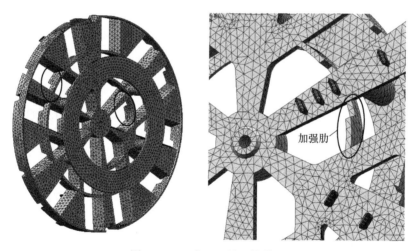

图 8.5.1　刀盘、刀具网格模型

对于加强后的刀盘，在最不利切削工况下，仍有可能变形过大甚至失稳，故仍需对刀盘进行检算。鉴于苏州切桩工程所切最大桩基直径为 1.2m，因此，此处针对切削单根直径 1.2m 的桩基进行检算。

刀盘切桩工作时，将同时承受推力、扭矩、不平衡力和倾覆力矩。根据前面获得的推力、扭矩、不平衡力及倾覆力矩与刀盘旋转角度和桩基偏移距离的关系曲线，可推算出：当桩基偏离 1.2m 时，刀盘受力最不利；当刀盘从初始位置旋转 30° 后，刀盘受力最大。

苏州切桩工程所用盾构机为日本小松 ϕ6340 土压平衡盾构机，该机额定扭矩为 5151kN·m，额定推力为 38500kN。研究表明，在切桩工况下，切桩对扭矩的影响要远大于推力，因而在极限情况下，扭矩将会先于推力达到额定值。考虑实际切桩时将扭矩控制在 70%额定扭矩范围内，故本模型考虑的最不利荷载工况为扭矩值 3605.7kN·m，并根据前面仿真结果所获得的切向力与贯入力的比例，将总扭矩值和相应的推力值分配施加到具体的刀具上。

本刀盘模型通过大型三维机械设计软件 SOLIDWORKS 建模，该软件同时自带能计算力场及各种物理场的功能模块 SOLID SIMULATION，且该模块在行业内具有较高的知名度和认可度。因此，本节直接利用 SOLID SIMULATION 划分网格并进行力学计算，所建立的网格模型如图 8.5.1 所示，模型中只保留了最不利工况下参与切削桩基的刀具。

针对最不利切削工况，计算获得的刀盘等效应力分布和变形量分布如图 8.5.2 和图 8.5.3 所示。刀盘应力最大的部位主要分布在刀具安装固定处、牛腿柱与法兰盘的相连位置，以及加强肋板与辐条的焊接处，最大应力值为 172.5MPa，相比于刀盘所用钢板材料的屈服强度 235MPa，尚有较大的强度储备。因此，从应力角度看，经过加强后的刀盘可承受最不利荷载工况。图 8.5.3 以 2000 倍的放大系数显示了刀盘变形，相比于刀盘左侧，刀盘右侧和切削桩基处确实存在更大的变形量，但最大变形量仅为 0.396mm，在刀盘面板和轴承的安全承受范围内。

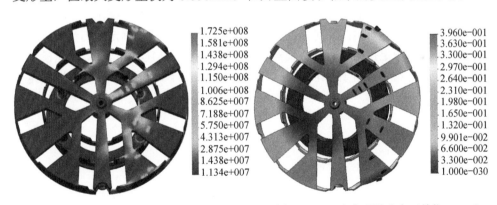

图 8.5.2　刀盘等效应力分布（单位：Pa）　　图 8.5.3　刀盘变形量分布（单位：mm）

8.6　本 章 小 结

本章主要采用理论分析方法，考虑掘削大直径群桩对盾构设备的多方面需求，从刀盘结构加强、各类切桩刀具配置、螺旋输送机改造、推进系统优化等方面展开了深入研究，主要结论如下：

（1）布置在刀盘正面（$0.5m \leqslant r \leqslant 3.1m$）的大贝壳刀在刀盘上布置面积最大、布刀数量最多，是切削大直径群桩的主力刀具。

（2）考虑掘削大直径桩基对刀具的考验和要求，提出了切桩群刀综合配置方案。通过在中心鱼尾刀上加焊小贝壳刀以增强中心刀区域的切桩能力，同时原中心鱼尾刀降低高度和增加宽度；为保护盾壳能够顺利通过残桩，使开挖直径大于盾壳外径，在刀盘最外边缘配置边缘大贝壳刀；为保护注浆外包管不被残桩所触伤，需开启仿形刀适当扩挖桩基，将仿形刀刀头也改为贝壳刀形式；为增大安全系数，在刀盘上配备第二梯队的储备切削刀，采用羊角先行刀形式。

（3）从三个方面对螺旋输送机进行改进。利于排渣方面，将螺杆由之前的有轴式改为无轴式，增加一台液压马达；降低磨损方面，在螺旋杆外侧表面上增加耐磨堆焊，同时在螺旋筒内壁上也增焊耐磨格栅；加强应急方面，在筒体外壳上追加 4 个检查孔，在螺旋输送机前段靠近胸板处添加加固土体用的注浆管路。

（4）由于大直径桩基中存在粗钢筋，为保护刀具应以"磨削"为基本切桩理念，极有必要增加一台小流量低速推进泵，保证盾构机切削桩基时能够低速、稳速推进。

（5）为降低盾构过桩时上部残桩对外包管造成损伤的风险，应将外包管做相应改造；应考虑增加人舱系统，并做气密性等相关检验，确保能够带压进舱换刀。

（6）针对盾构刀盘切桩存在刀盘刚度、强度不足的问题，提出了采用增焊两圈肋板进行加强的方案；针对切削单根直径 1.2m 的桩基，确定了刀盘受力最大位置，按 70%额定扭矩作为最大荷载，采用 SOLID SIMULATION 功能模块对刀盘刚度进行检算。计算表明，在最不利切削工况下，加强后的刀盘切桩是安全的。

第9章 盾构切削大直径钢筋混凝土桩基试验

9.1 现场试验方案

9.1.1 试验的必要性及意义

目前国际上还没有盾构切削钢筋混凝土桩基的成套技术或系统研究。国内虽已有多个盾构切削穿越桩基的施工案例，但无论是主动切桩还是被动切桩，相应的盾构切桩施工技术措施和风险控制方法还并不成熟。

盾构机穿越广济桥共需切削 14 根最大直径 1200mm 的钻孔灌注桩，桩基直径和主筋尺寸较大，且切桩根数较多，相比于已有的同类盾构切桩工程，盾构切削穿越施工的难度大、风险高。因此，需要在实际切桩工程实施之前，进行切桩试验，研究盾构切桩问题，以确保切桩的顺利进行和桥梁的安全。

一般情况下，软土盾构在设计时，并不需要考虑切削钢筋混凝土桩基的问题。采用经过改造加强后的日本小松 ϕ6340 软土盾构机进行切削穿越广济桥桩基的施工，能否安全顺利地切除 14 根最大直径 1200mm 的钻孔灌注桩，也应经盾构切桩试验综合研究分析评价。

采用盾构切削钢筋混凝土桩基的现场试验，国内外还未见先例。开展本次盾构切削钢筋混凝土桩基现场试验，并收集相关数据，展开相关研究，可有助于分析评价切桩设计刀具及其配置的合理性，加深对盾构切桩问题的认识、优化切桩施工的技术措施，从而为实际工程切桩提供更安全有力的保障，同时可为今后其他类似盾构切除障碍物工程提供较好的技术支撑和参考借鉴。

9.1.2 试验总体方案比选

开展本次盾构切桩现场试验，需要选择一个合适的试验位置，主要有两种可选方案：在与实际切桩工程相似的土层中布置试验桩基或在始发洞门前布置试验桩基。

（1）在相似土层中布置试验桩开展切桩试验。该方案的最大优点是，在与实际切桩工程相同的真实土层环境中切桩。但该方案实施起来将面临两大难题：一是如何选择切桩试验用的盾构机，若选用经改造后的盾构机刀盘、刀具进行切桩试验，则试验成本较高，若选用未经改造的盾构机刀盘、刀具进行切桩试验，则试验意义将受到折减；二是在试验桩基的具体布置方面，若想较好地模拟广济桥桩基的真实受力状况，则试验桩顶部的约束设置和荷载施加需要花费较大的资金和精力。

（2）在始发洞门前布置试验桩。由于是在露天无土的环境下开展切桩试验，因此可直接观察和全程拍摄盾构切桩过程，从而有助于加强对盾构切桩的认识。若采用实际切桩工程所用的盾构机及刀盘、刀具进行切桩，通过研究分析试验中各刀具切桩后的外观磨损和内部损伤，还可较好地验证评价切桩设计刀具及其配置是否合理。再者，在始发洞门前布置桩基进行切桩试验，具有较好的可实施性。

比较以上两种试验位置方案的优劣，始发洞门前布置试验桩方案更适合本次切桩试验。若选择在 II-TS-06 标三石区间（实际切削穿越工程所在的区间）三医院站始发洞门前开展切桩试验，则在时间和工期方面上具有较好的可行性。进一步考虑到 II-TS-06 标三石区间左右线均由三医院站向石路站始发掘进，且左线比右线先始发，因此，本试验选择在三医院站左线洞门前布置试验桩，开展切桩试验。

9.1.3　试验研究内容

本次试验在始发洞门前拟布置两根钢筋混凝土试验桩，考虑到为实际切桩工程服务的需要，采用和广济桥 1# 桥墩桩基同样的桩直径及配筋设计这两根试验桩，即桩直径 1200mm、主筋 $\phi 22$、箍筋 $\phi 8$。试验进行时，经改造加强后的盾构机将分五组推进工况，直接掘进切削这两根直径 1200mm 试验桩，同时现场人员将同步进行监控量测和数据采集工作。本次盾构切桩现场试验将开展以下研究：

（1）研究并分析试验中盾构机各刀具（主要为贝壳刀）切桩后的外观磨损和内部损伤，验证切桩设计刀具及其配置是否合理，并进一步优化刀具设计和配置，从而为实际工程切桩提供参考和指导。

（2）通过直接观察和全程拍摄盾构机刀具对桩基的切削过程，深入分析研究刀具切削桩基的作用机理。

（3）实时监测采集盾构切桩过程中桩基变形、主筋受力、推力和扭矩参数以及刀具受力等的动态变化数据，分析研究盾构切桩的相关规律，以加深对盾构切桩问题的认识。

（4）通过多组不同的试验工况，以对桩基的扰动最小和对盾构机的损耗最小为评价指标，研究最适合切桩的盾构推进速度和刀盘转速。

9.1.4　试验桩布置及约束

苏州实际工程切桩分两种情形：一是盾构单次只切一根桩基，桩基主要位于刀盘中心正前方；二是盾构单次同时切削两根桩，桩基偏离刀盘中心一定距离。

由于试验空间受限，通过两根前后交错的试验桩来模拟两种切桩情形，如图 9.1.1 所示，1#桩布置在洞门正中心，2#桩偏离洞门中心 1.8m，1#桩与 2#桩前后相错 0.3m。两根试验桩直径均为 1200mm，配有 20 根 ϕ22 主筋。

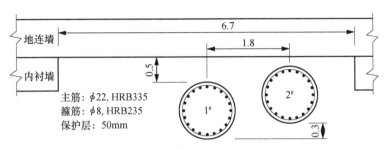

图 9.1.1　试验桩布置图（单位：m）

对于实际工程被切范围内的桥桩，可近似看成其两端受到的是固定约束，故在试验桩的约束条件上，将试验桩的顶部和底部均做成固定端，如图 9.1.2 所示，具体可通过植筋或焊接，将试验桩内的钢筋连接至车站底板、顶板或钢环里。试验桩两端被固定住，还可以防止试验时桩端被意外折断而导致试验失败。

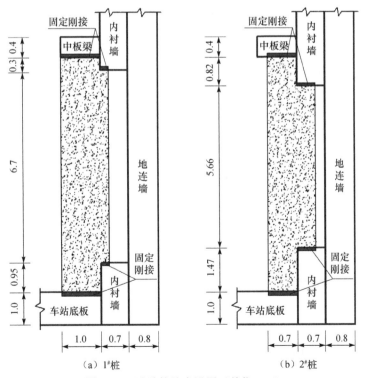

（a）1#桩　　　　　　　　　（b）2#桩

图 9.1.2　试验桩约束设置（单位：m）

9.1.5 切削工况设计

根据试验桩布置方案,随着盾构机向前推进,盾构切削桩基可分为三种模式:①切桩模式 1。中心小贝壳刀单独推进切削 1#桩,切削长度 0.19m(盾构推力力方向上);②切桩模式 2。中心小贝壳刀和外围大贝壳刀共同推进切削 1#桩,切削长度 0.30m;③切桩模式 3。中心小贝壳刀、外围大贝壳刀同时推进切削 1#桩和 2#桩,切削长度 0.71m(盾构向前推进切完 1#桩后结束推进)。

结合试验桩的配筋分布,切桩试验采取七个工况进行设计,工况 1～7 的推进距离分别为 130mm、60mm、150mm、150mm、180mm、230mm、300mm。推进工况示意图及各工况对应的切削试验桩钢筋对象如表 9.1.1 所示。

表 9.1.1 工况示意图及各工况对应切筋对象　　　（单位：mm）

工况	中心小贝壳刀切筋对象	外围大贝壳刀切筋对象	
1	A1、A2、A3	—	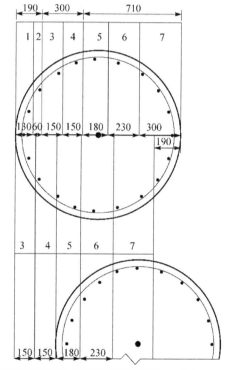
2	A4、A5	—	
3	A6、A7	A1、A2、A3	
4	A8、A9	A4、A5	
5	A10、A11	A6～A9、B1～B3	
6	A12、A13	A10、A11、B4～B7	
7	A14～A20	A12～A15、B8～B11	

9.2 试验现象和结果

9.2.1 各工况实际实施情况

切桩试验进行时,在推进工况初始设计的基础上,实时调整优化了后续工况。

试验中各工况的实际实施情况如表 9.2.1 所示。试验设定推速分 1mm/min、2mm/min、3mm/min 三个速度进行,试验刀盘转速分 0.5r/min、0.8r/min、1.0r/min 三个速度进行。顺着盾构机掘进前行方向看去,工况 1～4 时,刀盘左回转,工况 5～工况 7 前部分,刀盘右回转,工况 7 后部分因调整盾构机姿态需要将刀盘转向变为左回转。

试验时低压推进小泵未准备到位,采用大泵实施千斤顶推进,因此试验时盾构机的实际推速波动较大,较难稳定控制在设定推速。由表 9.2.1 可以看出,虽然最大实际推速达 8mm/min,但各工况的推速平均值与推速设定值基本接近。

表 9.2.1   各推进工况的实际实施情况

工况	切削模式	推进距离 /mm	设定推速 /(mm/min)	实际推速 /(mm/min) 范围	实际推速 /(mm/min) 均值	刀盘转速 /(r/min)	刀盘转向
1	中心小贝壳刀最先触切 1#桩	130	2	1～5	2.5	0.5	左回转
2		60	1	0～4	1.32	0.5	左回转
3	中心小贝壳刀和外围大贝壳刀共同切削 1#桩	150	2	0～8	1.88	0.8	左回转
4		50	3	0～7	2.60	0.5	左回转
		50		0～8	3.27	0.8	左回转
		50		1～8	4.00	1.0	左回转
5	中心小贝壳刀和外围大贝壳刀共同切削 1#桩和 2#桩	180	1	0～7	1.29	0.5	右回转
6		230	2	0～6	1.68	0.8	右回转
7		97	2	0～8	2.5	0.8	右回转
		203	2	0～6	3.5	0.8	左回转

9.2.2 试验过程及现象

1)工况 1 切桩过程及现象

工况 1 设定推速为 2mm/min,实际推速在 1～5mm/min 波动,推速平均值为 2.5mm/min,刀盘左回转,转速为 0.5r/min。工况 1 时,只是最靠前的中心小贝壳刀接触切削 1#桩,大贝壳刀还未碰到试验桩,工况 1 完成后,切断了 1#桩最靠前的钢筋，但未产生断筋脱落。工况 1 的相关切桩试验照片如图 9.2.1 所示。

（a）中心小贝壳刀刚接触1#桩

（b）中心小贝壳刀正在切削1#桩中部

（c）切断1#桩A1号钢筋

（d）A1号钢筋断口形式

图 9.2.1　工况 1 切桩现象

2）工况 2 切桩过程及现象

工况 2 设定推速为 1mm/min，实际推速在 0~4mm/min 波动，推速平均值为 1.32mm/min，刀盘左回转，转速为 0.5r/min。工况 2 时也只是中心小贝壳刀接触切削 1#桩，工况 2 切完后，产生了 4 根断筋，长度为 0.09~0.22m。工况 2 的相关切桩试验照片如图 9.2.2 所示。

（a）中心小贝壳刀进一步切削1#桩中部

（b）工况2切断产生的某断筋

（c）工况2所切断钢筋的断面形式　　　　（d）在桩上残留的钢筋及其形态

图 9.2.2　工况 2 切桩现象

3）工况 3 切桩过程及现象

工况 3 实际推速平均值为 1.88mm/min，刀盘左回转，转速为 0.8r/min。从工况 3 开始，大贝壳刀和小贝壳刀共同切削 $1^\#$ 桩。值得注意的是，工况 3 切削过程中切断产生了最大长度为 2.78m 的断筋，这么长的钢筋将难以顺畅地从螺旋机中排出。从土仓中拍摄的照片（见图 9.2.3）可以看出，当钢筋前期在混凝土

（a）外周大贝壳刀开始切削$1^\#$桩　　　　（b）某个大贝壳刀正在切削$1^\#$桩

（c）钢筋切口处在前期被刀头切薄　　　　（d）钢筋后期被剥离原位置

图 9.2.3　工况 3 切桩现象

中包裹较好时，钢筋在切口处被一点点切薄，但后期随着盾构继续推进，钢筋失去混凝土包裹固定后而被剥离原位置。

4）工况4切桩过程及现象

工况4总推进距离为150mm，均分成三段进尺，分别用0.5r/min、0.8r/min、1.0r/min的转速掘进。设定推速为3mm/min，三段进尺的推速平均值分别为2.60mm/min、3.27mm/min、4.00mm/min。工况4推进过程中，切削桩基产生的灰尘明显加大，考虑到降低刀具温度的需要，工况4开始每隔一段时间喷水抑灰降温。与工况3相同，工况4也切削产生了较长的断筋，最大断筋长度为4.28m。工况4的相关切桩试验照片如图9.2.4所示。

（a）切削试验桩产生的灰尘明显加大　　　　　　（b）开始喷水抑灰降温

（c）试验桩左右两侧混凝土剥离厉害　　　　　　（d）剥离的混凝土大块

图9.2.4　工况4切桩现象

5）工况5切桩过程及现象

工况5实际推速平均值为1.29mm/min，刀盘转速为0.8r/min，刀盘转向变为右回转。从工况5开始，大贝壳刀也开始切削2#桩，在当前刀具配置下切削2#桩后仍产生较长的断筋，断筋最大长度达3.34m。工况5完成后，经检查统计，共有8个大贝壳刀出现刀具合金崩落崩裂情况，既有合金整体从焊缝面崩落的情况，也有合金自身脆性断裂的情况。工况5的相关切桩试验照片如图9.2.5所示。

（a）开始切削2#桩，刀盘变成右回转

（b）切削2#桩产生较长的断筋

（c）合金从焊缝面整体崩落

（d）合金承受较大冲击力而崩裂

图 9.2.5　工况 5 切桩现象

6）工况 6 切桩过程及现象

工况 6 实际推速平均值为 1.68mm/min，刀盘转速为 0.8r/min，刀盘继续右回转。工况 6 中，出现了部分钢筋因当时不能被立刻切断或拉断而悬挂在桩顶的现象，也出现了钢筋缠绕在刀盘上的现象。从工况 6 开始采取喷注泡沫剂的方法来降低刀具温度和摩擦阻力。工况 6 的相关切桩试验照片如图 9.2.6 所示。

（a）1#桩A11号钢筋被挂住

（b）2#桩B7号钢筋被挂住

（c）某根钢筋缠绕在刀盘上　　　（d）喷注泡沫剂以降低刀具温度和摩擦阻力

图 9.2.6　工况 6 切桩现象

7）工况 7 切桩过程及现象

工况 7 进尺前 97mm 期间刀盘右回转，后因调整盾构姿态需要，刀盘变为左回转。前 97mm 实际推速平均值为 2.5mm/min，后 203mm 实际推速平均值为 3.5mm/min。在工况 7 时，启动检查了仿形贝壳刀的切削效果，试验完成后仿形贝壳刀未出现任何问题。工况 7 即切桩试验完成后，经全面检查，累计共有 19 把贝壳刀崩落崩裂了 21 块合金，刀盘表面有轻微的钢筋划痕。工况 7 的相关切桩试验照片如图 9.2.7 所示。

8）工况结束后残桩现象

工况 7 结束后，通过在导轨上架设千斤顶使盾构机退回到正常始发位置。经观察发现，工况 7 结束后，1# 桩中部并没有因中心刀超前切削作用被切得最深而从桩中部被折断成两半，而是在与洞圈钢环相连的桩顶部位置被折断，但 1# 桩中部明显被折弯且出现了大量较长较宽的裂缝。从 1#、2# 残桩的表面可以看出在外围大贝壳刀作用下形成了规律明显的圆弧形切削痕迹，且 1# 桩在中心小贝壳刀的作用下产生了明显内凹的圆形切槽。工况结束后残桩现象照片如图 9.2.8 所示。

（a）启动仿形刀检查其切桩效果　　　（b）刀盘后期变为左回转

（c）工况7后中心小贝壳刀状况　　　　　　　　　（d）工况7后外周大贝壳刀状况

图 9.2.7　工况 7 切桩现象

（a）1#桩在顶部位置被折断　　　　　　　　　　　（b）2#桩未被折断

（c）中心刀在1#桩切削行程的内凹圆形切槽　　　（d）两根桩上规律明显的大贝壳刀切削痕迹

（e）1#桩背中部明显被折弯、出现大量裂缝　　　　（f）中心小贝壳刀切桩痕迹细拍

图 9.2.8　工况结束后残桩现象

9.2.3　试验结果统计

切桩试验中，盾构机按照设计工况逐步顺利切削了两根试验桩，切桩全过程中推力最大值为 1770kN（额定推力的 5.5%），扭矩最大值为 1768kN·m（额定扭矩的 34.3%）。试验完成后经统计，无整把刀具从刀盘崩落情况，贝壳刀损伤方式以合金损伤为主，正常磨损量最大值仅 2.8mm，正面大贝壳刀、边缘大贝壳刀、中心小贝壳刀分别损伤合金 17 块、3 块、1 块，对应的合金损伤率（损伤合金数除以合金总数）分别为 6.9%、10.0%、2.5%，羊角先行刀和刮刀无损伤，仿形刀也能较好工作且无损伤。因此，从刀具损伤情况来看，原刀具配置方案是合理的，但切桩过程中产生了较多的长钢筋，工况 3～7 中的最长钢筋分别达到了 2.78m、4.28m、3.34m、4.7m、4.2m，长钢筋难以从螺旋输送机中排出，故原刀具配置方案还需进一步优化。

9.3　切削混凝土分析

9.3.1　中心小贝壳刀切削混凝土效果

如图 9.3.1 所示，1#桩在中心小贝壳刀的作用下产生了明显内凹的圆形切槽，圆形切槽的形态与中心小贝壳刀的刀具尺寸和刀具配置密切相关。圆槽直径约1.2m，由 10 个半径依次递增的切槽组成，因为 10 个中心小贝壳刀的切削间距为6cm，各切槽间距也为 6cm；圆槽深度为 19cm 左右，因为中心小贝壳刀与外围大贝壳刀的高差为 19cm。

如图 9.3.2 所示，中心小贝壳刀切削范围左右两侧边的混凝土剥离严重，这对切削钢筋不利，原因是左右两侧边的混凝土受到刀具对它的切削挤压力的主应力为竖向的，从而容易导致该部位混凝土沿水平方向开裂剥落。

图 9.3.1　中心小贝壳刀切削 1#桩的痕迹

图 9.3.2　中心小贝壳刀切削范围两侧边的混凝土剥离较厉害

9.3.2　正面大贝壳刀切削混凝土效果

　　如图 9.3.3 所示，1#桩和 2#桩在正面大贝壳刀的作用下产生了规律明显的一道道圆弧形切槽，圆弧形切槽形态与外围大贝壳刀的刀具尺寸和刀具配置密切相关。基于大贝壳刀的外形及尺寸，圆弧形切槽的切口角度为 90°，槽面长约 42mm，槽高约 30mm。因为各轨迹的贝壳刀每间隔 80mm 布置，圆弧形切槽的间距为 80mm，槽顶部宽约 16mm。槽高约 30mm、槽宽约 16mm 的混凝土在后期将难以包裹住钢筋，这对切削钢筋是不利的。

　　如图 9.3.4 所示，桩基两侧混凝土的剥离情况与刀盘转向密切相关，迎刀侧处的混凝土主要受压，其剥离情况相较主要处于受拉状态的背刀侧处混凝土，明显要少得多。当刀盘左回转时，1#桩左侧下部的混凝土剥离明显少于左侧上部的混凝土剥离，2#桩右侧下部的混凝土剥离明显多于左侧上部的混凝土剥离。

图 9.3.3　大贝壳刀作用下形成的圆弧形切槽形态

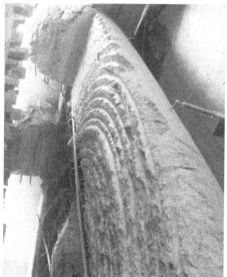

图 9.3.4　桩侧混凝土的剥离情况与刀盘转向密切相关（刀盘左回转时照片）

　　现场试验所显示的单把新型贝壳刀切削混凝土形态，与前面采用仿真模拟所获得的切削效果吻合，说明采用 LS-DYNA 软件及 HJC 本构模型进行混凝土切削仿真的可靠性。

9.3.3　混凝土脊量测与合理刀间距分析

　　根据现场试验可知，大、小贝壳刀均能有效切削破除桩身混凝土，在桩身上切削形成与刀刃形状相贴合的同心圆切槽，相邻切槽的间距等同贝壳刀的轨迹布置间距，说明单把贝壳刀在其刀身范围内以剪切切削的方式切削混凝土。对于两相邻贝壳刀轨迹间的混凝土，在当前刀间距下，由于受到两边贝壳刀的侧向挤压而发生崩碎，避免了"混凝土脊"（其概念类似于硬岩地层中两相邻滚刀所形成的"岩脊"）积累过高，从而有利于全覆盖面切削桩基。

如图 9.3.5 所示，在刀间距 6cm、8cm、10cm 下，新型贝壳刀均可以有效破除混凝土，但净刀间距（刀间距减去刀身宽度）越大，对应形成的混凝土脊高度也越高。对三个净刀间距下对应的混凝土脊高度值进行线性回归，如图 9.3.6 所示，由于新型贝壳刀的刀刃凸起切削高度为 32mm，满足全覆盖面切削桩基要求对应得到的临近刀间距为 48.7mm。

图 9.3.5　不同刀间距的切混凝土痕迹

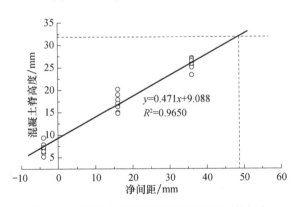

图 9.3.6　混凝土脊高度和净刀间距的线性拟合

通过试验拟合的临界刀间距与仿真获得的结果相差较大，可能原因为：实际工程切桩时，刀盘受到较大的不平衡力，且试验是露天切桩而没有周围土层的约束，因此刀盘、刀具侧晃较为厉害，刀具侧晃过程对混凝土有额外的侧向挤切效果；再者，实际刀具的切削轨迹是弧线，刀具对外侧面的混凝土有侧向挤压作用，而仿真时，对刀具设定的切削轨迹是直线。

在小于临界净刀间距的范围内，刀具间距适当偏大、数量适当减小，可节省刀具费用，同时，相同条件下刀盘切桩的总贯入阻力、切削阻力将会降低，有利于控制盾构总推力、总扭矩；刀具间距适当偏小、数量适当增多，将使切桩安全系数更高，但会将混凝土切削得过于破碎而浪费效能。因此，从安全角度考虑，本工程切削桩基混凝土的刀间距取 8cm 是合理的。对于切桩直径较细、根数较少的其他工程，若使用本章的新型贝壳刀，刀间距可适当取得较大些。

9.4　切削钢筋分析

9.4.1　断筋长度统计

在各试验工况进行时和完成后，对能够收集到的断钢筋条（未包括埋在土渣中的短条钢筋）进行统计和尺寸量测。各工况产生的断筋根数和长度如表 9.4.1 所示，相应照片如图 9.4.1 所示。

表 9.4.1　各工况切削钢筋情况统计（未含箍筋）

工况	断筋根数/根	长度统计/m	最短长度/m	最长长度/m
1	—	—	—	—
2	4	0.09、0.16、0.16、0.22	0.09	0.22
3	11	0.2、0.24、0.28、0.5、0.8、1.05、1.45、1.7、2.4、2.7、2.78	0.20	2.78
4	9	0.28、1.22、1.5、1.9、2.3、2.4、2.87、3.27、4.28	0.28	4.28
5	8	0.8、0.73、1.87、0.94、1.04、1.0、3.15、3.34	0.80	3.34
6	15	0.14、0.25、0.43、0.43、0.54、0.56、0.74、0.76、1.25、1.44、1.55、3.55、3.6、4.2、4.7	0.14	4.70
7	13	0.08、0.15、0.43、0.5、0.82、1.02、1.26、1.75、1.97、2.3、2.43、2.45、2.86	0.08	2.86

9.4.2　钢筋断口形态分析

观察钢筋断口发现，断口特征主要呈现切削或拉裂两种，就整个断口截面而言，可分为四种类型：完全切断［见图 9.4.2（a）］、主要切断［见图 9.4.2（b）］、完全拉断［见图 9.4.2（c）］以及主要拉断［见图 9.4.2（d）］，这四种断口类型所占的比例如图 9.4.3 所示。可以看出，完全切断和完全拉断占少数，主要切断和主要拉断占大多数，且钢筋的切断比例要低于拉断比例。

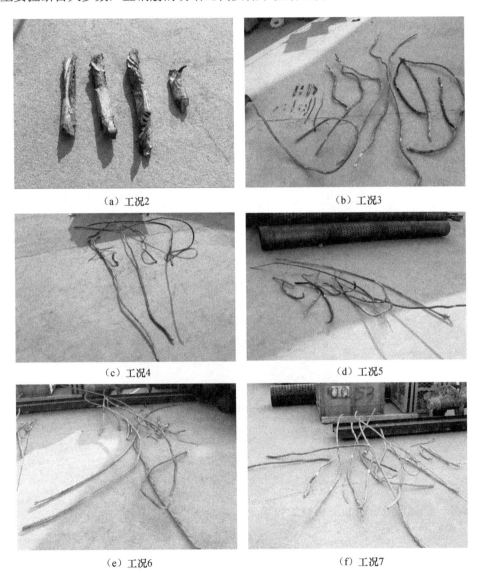

(a) 工况2　　　　　　　　　　　　　(b) 工况3

(c) 工况4　　　　　　　　　　　　　(d) 工况5

(e) 工况6　　　　　　　　　　　　　(f) 工况7

图 9.4.1　各工况产生的断筋

钢筋的断口特征表明，新型贝壳刀具备直接切断钢筋的能力，所切削钢筋的形态也与前面采用仿真模拟所获得的切削效果相吻合，说明了采用 LS-DYNA

软件及 JC 本构模型进行钢筋切削仿真的可靠性。

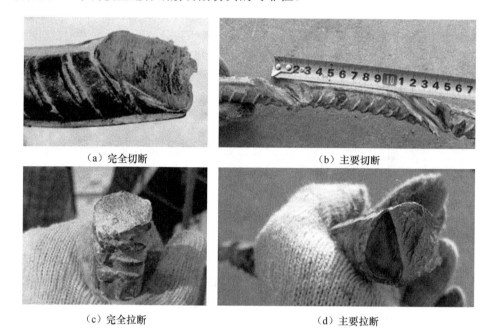

（a）完全切断　　　　　　　　　　　　（b）主要切断

（c）完全拉断　　　　　　　　　　　　（d）主要拉断

图 9.4.2　四种钢筋断口类型

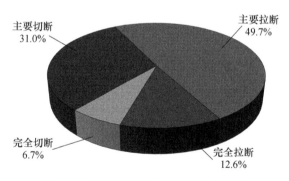

图 9.4.3　四种钢筋断口类型所占的比例

9.4.3　混凝土包裹对断筋长度的影响

七个试验工况共切削产生 59 根钢筋，最短的 0.08m，最长的 4.70m，长度超过 0.5m、1.0m、2.0m 的钢筋根数比例分别达到 76.27%、57.63%、30.51%，长钢筋较多、较长，在实际工程中将难以从螺旋输送机中排出。

对比图 9.4.4（b）、(c) 可以看出，虽然贝壳刀能够直接切断钢筋，但实现的前提为钢筋被周边混凝土包裹固定住。混凝土对钢筋的包裹作用可分为轴向包裹和侧向包裹。轴向包裹来源于沿筋身轴线上下分布的混凝土,当前刀具配置方案下,相邻贝壳刀轨迹间距过近,所形成的"混凝土脊"过窄。侧向包裹主要来源于筋身侧边的混凝土保护层,当刀盘旋转方向使混凝土保护层主要处于拉剪状态时,混凝土易剥离,且由于刀间距过近而使剥离区相互连串成片。

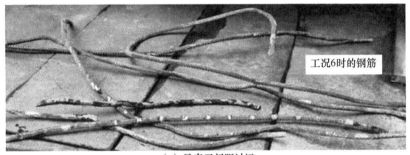

（a）贝壳刀间距过远

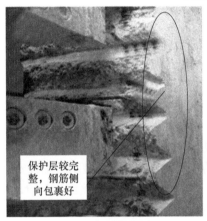

（b）贝壳刀间距适中　　　　　　　　（c）贝壳刀间距过近

图 9.4.4　贝壳刀切削桩身钢筋现象

9.5　切削参数分析

9.5.1　切削参数统计

试验时,由于采用盾构机自带的大流量油泵推动千斤顶前进,虽设想以设定的 1mm/min、2mm/min、3mm/min 稳速切桩,但实施过程中,实际推速波动较大。图 9.5.1 给出了工况 4~6 的实际推速变化曲线,可以看出,推速设定值越大,实际推速的波动幅度越大,且较多时刻推速实际值远大于设定值。

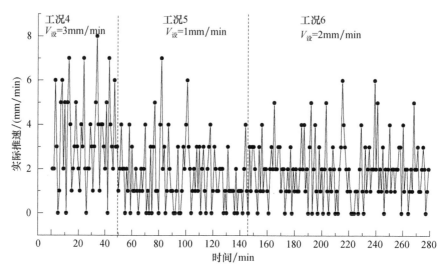

图 9.5.1　工况 4～6 的实际推速变化曲线

如表 9.5.1 所示,试验全过程中,总推力最大值为 1770kN(额定推力的 5.5%),总扭矩最大值为 1768kN·m(额定扭矩的 34.3%),说明在慢速切桩模式下,常规盾构机的额定推力和扭矩均能满足同时切削两根桩,但应注意在刀具磨损较大情况下的扭矩控制。根据试验工况设计,工况 3 和 4 时大、小贝壳刀同时切削 1# 桩,工况 5～7 时大、小贝壳刀同时切削 1# 和 2# 桩,而工况 1 和 2 时仅小贝壳刀切削 1# 桩,故表中的"切两根桩"和"切一根桩"分别以工况 5～7、工况 3 和 4 的数据进行统计。可以看出,切两根桩的推力为切一根桩的 1.18～1.22 倍,切两根桩的扭矩为切一根桩的 1.31～1.43 倍。切桩根数不同、切削圆桩各阶段所对应的刀盘切桩工作面不同,故推力和扭矩也随之变化。

表 9.5.1　各工况掘削参数统计

工况	实际推速 /(mm/min)		千斤顶总推力 /kN		刀盘总扭矩 /(kN·m)	
	范围	均值	最大值	平均值	最大值	平均值
1	1～5	2.50	1070	926.3	473	463.2
2	0～4	1.32	1070	915.8	533	472.3
3	0～8	1.88	1140	997.0	969	763.0
4	0～8	3.44	1450	1220.5	1235	856.8
5	0～7	1.29	1590	1199.6	1230	824.8
6	0～6	1.68	1770	1446.8	1538	1196.1
7	0～8	3.11	1760	1255.6	1768	1092.1

工况	实际推速 /(mm/min)		千斤顶总推力 /kN		刀盘总扭矩 /(kN·m)	
	范围	均值	最大值	平均值	最大值	平均值
切一根桩	0~8	2.66	1450	1108.8	1235	809.9
切两根桩	0~8	2.21	1770	1302.9	1768	1057.7

9.5.2　推力和扭矩变化特征

图 9.5.2 为各工况下推力和扭矩历时变化曲线，可以看出，推力和扭矩均呈跳跃式发展的波动特征。分析其原因，一是试验桩只占刀盘的部分断面，随着刀盘旋转，不同时刻参与切桩的刀具及其数量不同；二是混凝土材料的不均匀性及钢筋存在的影响，贯入阻力和切削阻力均处于动态变化。

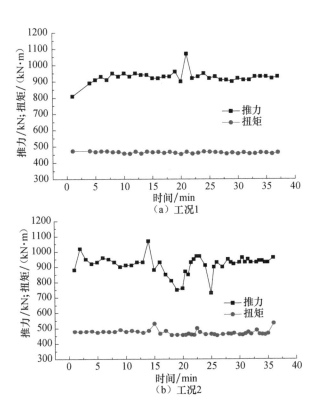

（a）工况1

（b）工况2

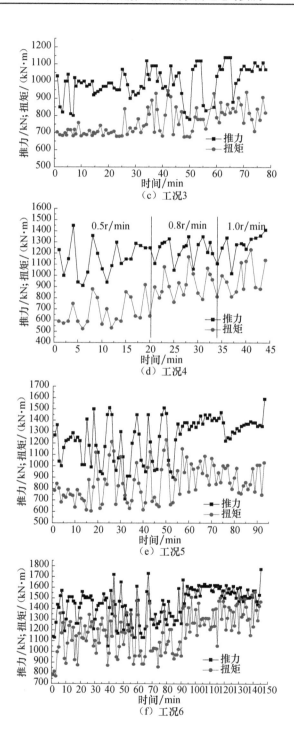

（c）工况3

（d）工况4

（e）工况5

（f）工况6

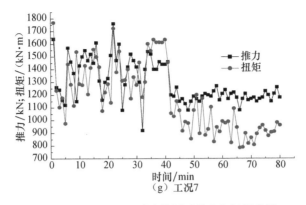

（g）工况7

图 9.5.2　工况 1～7 对应的历时推力和扭矩曲线

9.5.3　与切深和刀盘转向的关系

工况 7 切削至第 40min 时，因调整回转角需要而将刀盘反转，由于换用了刀具相对更锋利的一侧切桩，刀具的切削能力和贯入能力增强，扭矩和推力均明显降低，且扭矩降幅大于推力降幅，如图 9.5.3 所示。

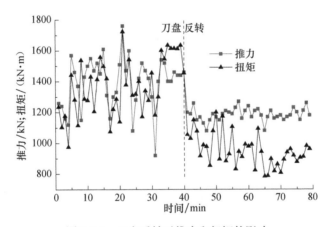

图 9.5.3　刀盘反转对推力和扭矩的影响

定义总推力减去导轨摩擦阻力后的差值为作用于桩身的桩基推力值，事先测得导轨摩擦阻力约为 700 kN；定义总扭矩减去空载扭矩后的差值为作用于桩身的桩基扭矩值，切桩前测得空载扭矩随转速加快而增大。分析发现，虽然切桩过程中推速、推力和扭矩均波动幅度较大，但桩基推力和扭矩均与切深（刀盘转动一圈的贯入量，切深=推速/转速）近似呈线性关系，以工况 4 切削进尺 30～120mm 段的数据为例进行回归拟合，如图 9.5.4 所示。

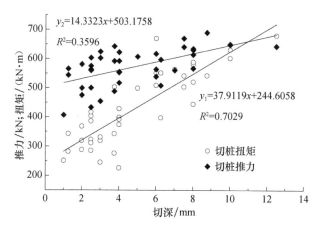

图 9.5.4　桩基推力、扭矩与切深的拟合关系

9.6　刀具损伤分析

9.6.1　刀具损伤数量及形式

　　工况 3、工况 5、工况 7 完成后，采用游标卡尺量测了所有贝壳刀的磨损量，三个工况的大贝壳刀最大磨损量分别仅 0.7mm、1.6mm 和 2.8mm，小贝壳刀则几乎没有磨损。贝壳刀在切削两根桩后仅产生了极小的磨损量，说明贝壳刀适应于切削钢筋混凝土桩基，其耐磨性较好。切桩试验中七个工况的实际推速均值为 1.29～3.44mm/min，试验的整体推速均值为 2.17mm/min，因此，从刀具磨损的角度来看，以 2mm/min 左右的推速切桩是适宜的。

　　然而，切桩过程中产生了较多的合金损伤。试验完成后，大贝壳刀损伤合金中有 14 块为合金脆性崩裂，3 块为合金整块从刀体脱焊；小贝壳刀有 1 块合金崩裂。刀具合金崩裂崩脱主要是因为推速不稳而受到较大的正面冲击，尤其是正当切削钢筋或混凝土粗骨料时的冲击力更大。大贝壳刀在工况 4 和工况 7 时均分别损伤合金 6 块，但在工况 5 和工况 6 时只分别损伤合金 2 块和 3 块，主要是因为工况 4 和工况 7 的实际推速均值分别达到 3.44 mm/min 和 3.11mm/min，此时的推速波动幅度已经较大，而工况 5 和工况 6 的实际推速均值分别为 1.29 mm/min 和 1.68mm/min。因此，从保护刀具合金的角度而言，设定推速时应不超过 2mm/min。另外，在刀盘旋转过程中，刀具每次开始接触桩侧混凝土的瞬间，以及刀具从侧面将钢筋拉断的瞬间，合金刀刃都将受到较大的侧面冲击力。因此，刀盘转速不宜过快。工况 5～7 的刀具损伤情况如表 9.6.1 所示。

表 9.6.1　刀具合金崩裂崩落情况分类统计（工况 5～7）

分类方法	统计结果
按刀具种类	1 把中心小贝壳刀、15 把正面大贝壳刀、3 把边缘大贝壳刀，共有 19 把刀具有合金崩裂
按工况情况	工况 5：8 把贝壳刀，8 个合金； 工况 6：5 把贝壳刀，5 个合金； 工况 7：6 把贝壳刀，8 个合金
按崩裂合金位置	工况 5：6 块合金位于刀具右侧，2 块合金位于刀具左侧； 工况 6：3 块合金位于刀具右侧，2 块合金位于刀具左侧； 工况 7：6 块合金位于刀具左侧，2 块合金位于刀具右侧
按崩裂崩落形式	15 个合金：合金自身脆性断裂； 3 个合金：整体从焊缝面崩落； 3 个合金：焊缝面和合金自身
按单刀崩裂数量	2 个刀：崩裂 2 块合金； 17 个刀：崩裂 1 块合金； 共崩裂 21 个合金

注：定义崩裂合金位置时，假设人站在刀盘中心并面对刀盘正面，以此判断刀具的左侧和右侧。

9.6.2　刀具损伤分布规律

图 9.6.1 为大贝壳刀 17 块损伤合金所处的轨迹分布，可以看出，切桩对刀具的损伤规律有其特殊性，除少数刀具损伤聚集在刀盘的外周部（图中 N 区），

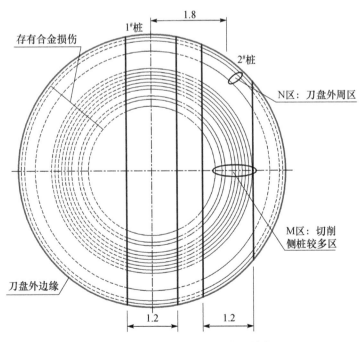

图 9.6.1　刀具合金损伤的轨迹分布（单位：m）

大部分的刀具损伤集中在切削 2#侧部桩较多的轨迹区域（图中 M 区），正常磨损量最大的切削轨迹 r=2.46m 也位于该区域。

　　从图 9.6.2 可以明显看出，在绝大多数轨迹上，切削 2#侧部桩所对应的切桩轨迹长度要明显大于切削 1#中部桩。当刀具切至圆桩的最大截面时（桩身宽度 1.2m），根据数学函数关系可计算出刀盘旋转一周各切削半径的刀具所对应的切桩轨迹长度，如图 9.6.2 所示，在 r=2.38m 的轨迹上，切削 2#侧部桩的轨迹长度高达切削 1#侧部桩的 4.14 倍，因此，在切削侧部桩较多的轨迹区域应配置更多的刀具。

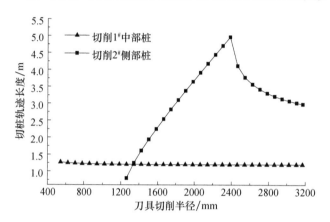

图 9.6.2　各切削半径对应的切桩轨迹长度

9.6.3　刀刃防崩损改进与防护

　　观察刀具损伤现象发现，虽然贝壳刀各合金刀刃的崩落崩裂面形态各异，但其损伤位置均包含图 9.6.3 中的圆圈部位，即合金刀刃背部的尖角处。

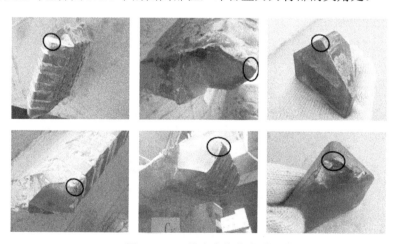

图 9.6.3　刀具合金崩落崩裂

起初设计贝壳刀时认为，在切削方向上，只是迎桩侧刀刃的正面参与切桩，背桩侧刀刃的正面和背部均处于被保护状态，因此忽略了刀刃背部的防损伤设计。而根据试验结果可知，由于刀盘非全断面切桩，作用于桩身的刀具数量和刀盘推进阻力呈动态变化，因此切桩的实际推速也有较大的波动幅度。若推速的增大过程较快，背桩侧刀刃在短时间内向前突进，这时极有可能从侧面剐蹭到钢筋或混凝土粗骨料，如图 9.6.4（a）所示，从而在尖角处发生应力集中而造成合金崩裂。另外，背桩侧合金被剐蹭时，合金与刀体之间的钎焊焊缝面处于受拉状态，故易造成合金整体脱焊，尤其是当焊缝质量不足时。

基于以上分析，对背部合金做两项改进［见图 9.6.4（b）］：一是对尖角处进行平滑处理，防止应力集中；二是加强钎焊焊缝质量，使焊缝饱满、厚实。

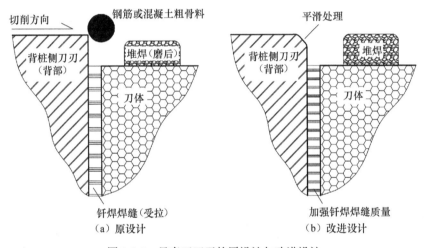

图 9.6.4　贝壳刀刀刃的原设计与改进设计

9.7　试验桩变形与钢筋受力分析

9.7.1　试验桩变形监测

通过在试验桩与地连墙之间安装固定振弦式位移计，来对切桩试验全过程中两根试验桩的变形情况进行监测，图 9.7.1 为在 1# 桩和 2# 桩上安装固定好后的位移计。

通过频率仪采集到振弦式位移计当前的频率后，根据相应的换算公式即可计算出试验桩当前的变形量。表 9.7.1 为 1# 桩和 2# 桩在各工况下的最大变形量统计数据。

图 9.7.1　在 1#桩和 2#桩上安装固定好后的位移计

表 9.7.1　两根试验桩各工况下最大变形量统计　　（单位：mm）

工况	1#桩前后变形量		2#桩前后变形量	
	最小值	最大值	最小值	最大值
1	0	0.22	—	—
2	0.05	0.42	—	—
3	0.18	0.71	—	—
4	0.47	5.61	—	—
5	3.16	8.21	0	0.25
6	6.21	20.18	0.22	0.79
7	20.13	20.23	0.26	4.12

从表 9.7.1 可以看出，试验结束后，1#桩最大前后变形量为 20.23mm，2#桩最大前后变形量为 4.12mm，均发生在最后一个工况 7；该切桩试验是在露天无土的情况下进行的，桩身周围无土体约束，在实际工程中，桩基将受到周边土体的约束，变形量将小于试验中的变形值。

图 9.7.2 为 1#桩和 2#桩最大变形量随工况的变化曲线。可以看出，在切桩前期，试验桩变形量增大较为缓慢，但到切桩中后期，试验桩变形量增大速度明显加快。试验桩的变形量主要取决于盾构机作用在试验桩上的推力荷载以及试验桩剩余截面的抗弯刚度，且抗弯刚度与试验桩截面尺寸是四次平方关系。因此，切桩后期试验桩变形迅速增大的主要原因是，试验桩截面不断减小导致试验桩的抗弯刚度迅速减小。但为了控制试验桩后期的变形量，在切桩后期应采用更慢的推速以降低推力荷载。

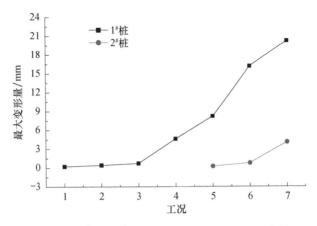

图 9.7.2　$1^{\#}$桩和 $2^{\#}$桩最大变形量随工况的变化曲线

9.7.2　试验桩钢筋受力分析

在刀具切削范围外通过对焊方式在钢筋上预埋振弦式钢筋计，以测量切削桩基过程中钢筋的受力变化，图 9.7.3 为在 $1^{\#}$桩和 $2^{\#}$桩上已经安装固定好的钢筋计。

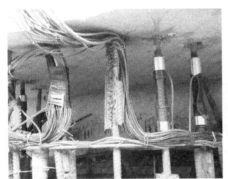

图 9.7.3　在 $1^{\#}$桩和 $2^{\#}$桩上安装固定好的钢筋计

表 9.7.2 对两根试验桩典型部位的钢筋在各工况下的受力情况进行了统计。每个工况下，钢筋既有受拉的时刻也有受压的时刻。钢筋所受拉力最大时刻一般为刀具正在切削该根钢筋时。钢筋受压主要是因为该根钢筋被切断后，刀具后续推进切削时对桩基的局部挤压作用。表 9.7.2 中的 A11 号钢筋所受拉应力超过钢筋屈服强度，是因为该根钢筋全截面是被拉断的；B7 号钢筋所受拉应力也较大，是因为该根钢筋大半截面是被拉断的。实际切桩工程中，若钢筋断裂时承受较大拉力，将会影响上部桩基和承台的稳定性，因此在切削过程中应使钢筋尽量被切断而不是拉断。

表 9.7.2　两根试验桩典型钢筋受力统计

钢筋编号	最大拉力 /kN	最大拉应力 /MPa	最大压力 /kN	最大压应力 /MPa
A1	56.9	149.6	−78.6	−206.7
A6	67.8	178.3	−18.1	−47.6
A7	60.8	159.9	−17.2	−46.2
A11	170.4	448.2	−75.9	−199.6
A20	130.0	341.9	−0.28	−0.7
B1	86.3	227.0	−46.8	−123.1
B7	119.8	316.1	−61.3	−161.2
B11	27.1	71.3	−48.3	−127.0

9.8　刀具立体布局优化与群刀切削仿真试验

9.8.1　分次切筋理念与刀具立体布局优化方案

为利于将钢筋切断成合适长度，作者基于刀具高低差配置思想，提出配置超前贝壳刀以实现分次切筋的切削理念。如图 9.8.1 所示，用厚钢板将原有贝壳刀垫高以形成超前贝壳刀，相邻超前贝壳刀的轨迹间距应较大，以便先保留两轨迹间的混凝土，并可防止桩侧混凝土保护层剥离成片。待超前贝壳刀先行把整段钢筋切成若干段的较短断筋（第一次切削）后，再由普通大贝壳刀对已形成的较短断筋实施第二次切削，此时即便不能把钢筋切得更短，但在筋身上切削形成间距为 8cm 的切槽后，钢筋在后期也更容易弯曲变形甚至被折断，从而有利于从螺旋输送机排出。另外，为避免超前贝壳刀因最先凸出切桩而受损严重，在超前贝壳刀两临侧配置副超前贝壳刀。

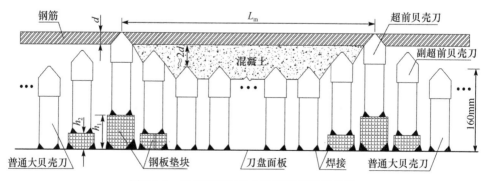

图 9.8.1　超前贝壳刀及分次切削钢筋示意图

具体实施时，结合现有钢板材料情况，h_1 取 65mm（约 3d），h_2 取 30mm（约 h_1 的一半）。鉴于螺旋输送机内径为 0.67m，超前贝壳刀轨迹间距 L_m 取 64cm，副超前贝壳刀轨迹间距取 48cm。超前贝壳刀和副超前贝壳刀的实物照片如图 9.8.2 所示。

（a）超前贝壳刀　　　　　　　　　　　　（b）副超前贝壳刀

图 9.8.2　超前贝壳刀和副超前贝壳刀实物图

9.8.2　超前贝壳刀立体布局方案切桩仿真试验

建立超前贝壳刀立体布局方案计算模型，如图 9.8.3 所示，四把刀具从左至右，分别是超前贝壳刀、副超前贝壳刀、两把普通贝壳刀。通过对四把刀具设置不同的起始切削时间，以实现对混凝土的前后相错切削。

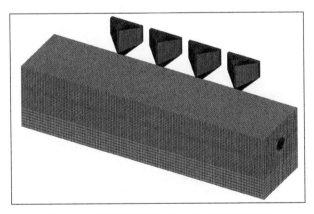

图 9.8.3　超前贝壳刀立体布局方案计算模型

刀刃材料为碳化钨硬质合金，采用刚体进行模拟。钢筋采用 Johnson-Cook

本构模型，以剪切失效准则作为切屑分离准则。混凝土采用 H-J-C 模型和包括等效塑性应变失效、最大拉伸应变失效、最大剪应变的综合失效准则。采用共节点法处理钢筋、混凝土的交界面。刀刃、钢筋和混凝土均采用显式 Solid164 六面体实体单元建模，模型单位制为 cm-g-μs，切削速度取 0.2m/s。采用基于罚函数的面-面接触算法对各刀具动态侵彻混凝土过程进行模拟，将模型的下边界以及左右边界约束住。

　　超前贝壳刀立体布局方案的仿真切削效果如图 9.8.4 所示，从各阶段的切削过程可以看出，在钢筋被周边混凝土良好固定的情况下，超前贝壳刀可以有效地切断钢筋；副超前贝壳刀在切削时，会部分挤压破碎侧面的混凝土，但这并不影响钢筋的被包裹性，因为副超前贝壳刀也可以有效切断钢筋。值得指出的是，仿真结果表明，普通贝壳刀也可以有效将钢筋切断，但这是以钢筋周边的混凝土较完整为前提的。

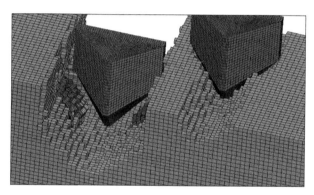

（a）超前贝壳刀切断钢筋

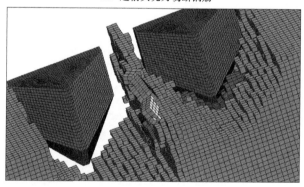

（b）副超前贝壳刀正在切削钢筋

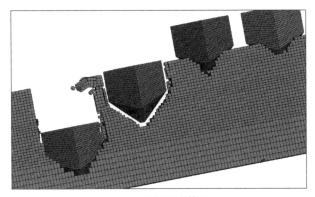

（c）切削混凝土情况

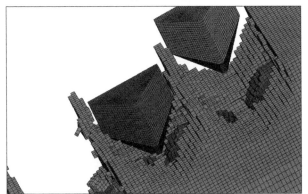

（d）普通贝壳刀也能切断钢筋

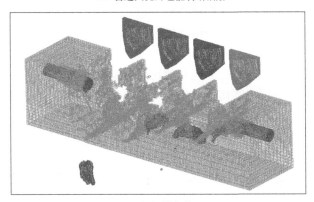

（e）切削完成

图 9.8.4　超前贝壳刀立体布局方案的仿真切削效果

图 9.8.5 为切削全过程中超前贝壳刀、副超前贝壳刀以及两把普通贝壳刀的切向力与贯入力曲线，可以发现，虽然超前刀切削在前、普通刀切削在后，但由

于均为同一种刀刃且切削参数相同，它们所受的切削力也基本相同。在切桩长度相同的情况下，刀具磨损量与切削量有着密切关系，因此可以推断：超前贝壳刀、副超前贝壳刀以及普通贝壳刀的刀具磨损量也将基本相同。

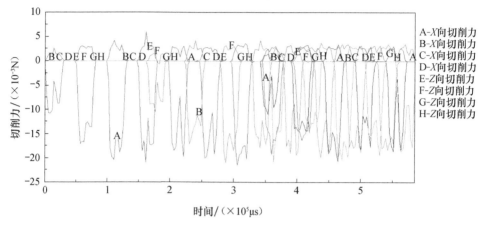

图 9.8.5　　四把刀具的切向力与贯入力曲线

9.9　本　章　小　结

　　本章开展了国内外首次盾构机直接切削钢筋混凝土桩基现场试验，分析了切桩效果、刀具损伤规律以及切削参数特征等，对刀具配置和切削参数初步方案的合理性进行了验证，并根据试验结果提出了相应的刀具配置优化方案，主要得出以下结论：

　　（1）试验表明，新型贝壳刀能有效切削破除桩身混凝土，在桩身上切削形成与刀刃形状相贴合的同心圆切槽，相邻切槽的间距等同贝壳刀的轨迹布置间距，这说明，单把贝壳刀在其刀身范围内以剪切切削的作用方式切削混凝土。切削混凝土仿真模拟所获得的切削效果与试验相吻合，说明了采用 LS-DYNA 软件及 HJC 本构模型进行混凝土切削仿真的可靠性。

　　（2）两相邻贝壳刀轨迹间的混凝土，在合理刀间距下，由于受到两边贝壳刀的侧向挤压将发生崩碎，避免了"混凝土脊"从而有利于全覆盖面切削桩基。通过试验拟合的临界刀间距与仿真获得的结果相差较大，对此分析了原因。

　　（3）新型贝壳刀可直接切断钢筋，切筋方式为剪切切削。试验中钢筋切口的形态与仿真模拟所获得的切削效果相似，说明了采用 LS-DYNA 软件及 JC 本构模型进行钢筋切削仿真的可靠性。

　　（4）试验发现，虽然新型贝壳刀能够直接切断钢筋，但实现的前提为钢筋被周边混凝土包裹固定住。混凝土对钢筋的包裹作用可分为轴向包裹和侧向包裹，轴向包裹来源于沿筋身轴线上下分布的混凝土，侧向包裹主要来源于筋身侧边的混凝土保护层。

（5）在慢速切桩模式下，常规盾构机的额定推力和扭矩均能满足同时切削两根桩，但应注意在刀具磨损较大情况下的扭矩控制。切两根桩的推力为切一根桩的 1.18～1.22 倍，切两根桩的扭矩为切一根桩的 1.31～1.43 倍。

（6）刀盘反转时，由于换用了刀具相对更锋利的一侧切桩，刀具的切削能力和贯入能力增强，扭矩和推力均明显降低，且扭矩降幅大于推力降幅；分析发现，虽然切桩过程中推速、推力和扭矩均波动幅度较大，但桩基推力和扭矩均与切深近似呈线性关系。

（7）试验中刀具磨损量最大值仅 2.8mm，但切桩过程中产生了较多的合金损伤。分析了合金损伤原因后，对合金设计提出了两项改进建议：一是对尖角处进行平滑处理，防止应力集中；二是加强钎焊焊缝质量，使焊缝饱满、厚实。另外，试验表明，从保护刀具合金的角度而言，设定推速时应不超过 2mm/min。

（8）切桩对刀具的损伤规律有其特殊性，除少数刀具损伤聚集在刀盘的外周部，大部分的刀具损伤集中于切削侧部桩较多的轨迹区域，正常磨损量最大的切削轨迹也位于该区域。

（9）为利于将钢筋切断成合适长度，作者基于刀具高低差配置思想，提出配置超前贝壳刀以实现分次切筋的切削理念：超前贝壳刀先行把整段钢筋切成若干段的较短断筋，再由普通大贝壳刀对已形成的较短断筋实施第二次切削。

（10）建立了超前贝壳刀立体布局方案计算模型，仿真结果表明，配置超前贝壳刀对将钢筋切断成合适长度是有效的；超前贝壳刀、副超前贝壳刀和普通贝壳刀所受的切削力以及刀具磨损量基本相同。

第 10 章　盾构切削大直径群桩的控制措施与施工实践

10.1　盾构切削 14 根大直径桩基的风险点与可行性分析

10.1.1　盾构切削大直径群桩的风险点分析

当前国内外盾构切桩技术尚不成熟且相关案例较少，已有的切桩案例的工程背景、障碍物桩基情况、刀盘与刀具配置及切削参数也各不相同，可供本工程直接借鉴的成功经验非常有限。苏州切桩工程中，桥桩处于稳定性差、地表沉降难以控制的富水软弱粉细砂地层条件下，盾构区间左右线各需连续全断面切削穿越7 根直径 1.0～1.2m 的钢筋混凝土灌注桩，切削难度之大、风险之高为国内外工程所罕见。本工程存在的主要风险点概括为以下几点。

1）盾构设备过桩风险

（1）改造加强后的刀盘、刀具能否连续切削 7 根桥桩仍需考证，一旦切桩刀具在切削过程中损伤严重，将引起盾构机推力大幅提升，不仅造成盾构掘进困难，而且使桥桩因侧向受力过大而发生较大横向变形。另外，在富水软弱粉细砂地层条件下开舱换刀也将面临极大风险。

（2）根据以往工程案例经验，盾构切桩存在较长钢筋卡住螺旋输送机、缠绕在刀盘上、滞留土仓内等情况，若钢筋卡死螺旋机将会导致盾构机无法排土，而当大量钢筋缠绕刀盘或滞留土仓内时，不仅会造成刀盘扭矩持续增加，而且将引起土体进入土仓困难、土仓压力难以控制等问题。

（3）如图 10.1.1 所示，根据盾构推进线路，右线盾构机在 0#桥台处、3#桥台处距离桩基的最小间隙分别仅 9.0cm 、12.5cm，存在桩体卡住盾构机外壳、损伤外置注浆管的风险。

（4）穿桩段处于区间隧道 25‰上坡段，前后高差较大，易造成刀盘正面与桥桩接触面受力不均匀，容易发生盾构姿态侧向偏转现象。

2）桥梁结构安全风险

盾构穿桩过程中，存在上部车辆附加荷载、刀具斜向下切削钢筋时对桩基产生向下拉拽力等不利因素，且 0#桥台长期的工后不均匀沉降已导致局部结构开裂，裂缝宽度达 2cm，如图 10.1.2 所示。盾构切桩时推进速度将极其缓慢（1～2mm/min），刀盘切削扰动时间较长（切断一根桥桩约需 20h），且切桩模式下的排土控制、土压平衡维持也难于正常掘进模式。因此，盾构机超长时间切削扰动将对地层变形和桥梁沉降控制产生显著不利影响。

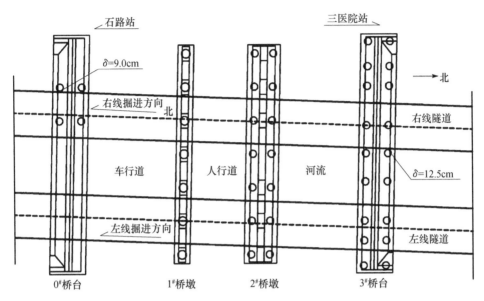

图 10.1.1　盾构与桩基的相对位置关系

图 10.1.2　桥梁 0#桥台墙体现有裂缝

3）隧道管片结构安全风险

当盾构机穿越桩基后，若桥梁墩台沉降量与管片上浮量之和大于上部残桩与管片的初始间隙（盾尾间隙 70mm），则上部残桩将会直接触碰作用于管片，从而对管片受力和变形产生灾难性影响。另外，桥梁墩台将在隧道顶部产生附加应力，若管片选型时未考虑此因素，可能导致管片配筋不足，危及隧道结构安全。

4）周边环境风险

广济桥的桥面板下东侧存在直径 300mm 天然气管从预留孔洞中通过，需要注意对其的保护，防止因墩台沉降过大而致其变形过大；广济桥下的行车道下方埋设的各类管线较多，若盾构切桩过程中导致地面沉降较大，将引发地下管线变形甚至开裂；另外，广济桥西侧埋深 8.9m 处存在直径 800mm 污水管，若地面沉降较大，也将引发该管线变形甚至开裂。

10.1.2　刀具切削群桩的磨损量预测

1）切桩长度计算及其规律

分别建立切削中部桩和侧部桩的计算模型，如图 10.1.3 所示。

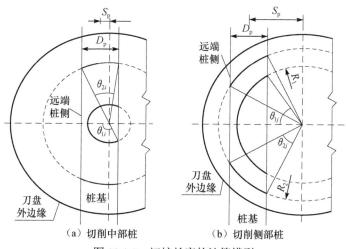

（a）切削中部桩　　　　　（b）切削侧部桩

图 10.1.3　切桩长度的计算模型

对于圆桩，图 10.1.3 中的 D_p 表示刀盘当前切削桩基所形成的竖截面的宽度，即

$$D_{\mathrm{p}} = 2\sqrt{R^2 - [j(v/n)]^2} \tag{10.1.1}$$

式中，R 为桩基半径；v 为推速；n 为转速；v/n 为刀盘单次切深；j 为刀盘累计切削转次。

将切削半径分为切透桩基和未切透桩基两种类型，切透桩基的切削半径对应的切桩轨迹长度计算公式为

$$L_1 = 2\sum_{j=1}^{R/(v/n)} r_i \left[\frac{\pi}{2} - \arcsin \frac{S_{\mathrm{p}} - \sqrt{R^2 - j(v/n)^2}}{r_i} \right.$$
$$\left. - \arccos \frac{S_{\mathrm{p}} + \sqrt{R^2 - [R - j(v/n)]^2}}{r_i} \right] \tag{10.1.2}$$

未切透桩基的切削半径对应的切桩轨迹长度计算公式为

$$L_2 = 2 \sum_{j=1}^{R/(v/n)} r_i \left(\frac{\pi}{2} - \arcsin \frac{S_\mathrm{p} - \sqrt{R^2 - [R - j(v/n)]^2}}{r_i} \right)$$ （10.1.3）

式中，r_i 为刀具的切削半径；S_p 为桩基中心偏离刀盘中心的距离。

依据几何函数关系，可计算当前桩基竖截面情况下，刀盘旋转一周各切削半径的刀具所对应的切桩长度。再通过 MATLAB 软件计算各切削半径的刀具切削整根桩基的累计切桩长度。

以苏州左线切桩工程为例，图 10.1.4 计算了各切削半径下切削 7 根不同桩基的单根累计切桩长度，从中可以总结出三点规律：①无论是切削中部桩还是侧部桩，随着切削半径增大，切桩长度均是先增大后减小；②最长的切桩长度发生在位于远端桩侧附近的切削半径上，该切削半径约等于桩基偏离距离 S_p 与桩基半径 R 之和；③切削侧部桩的切桩长度大于切削中部桩。

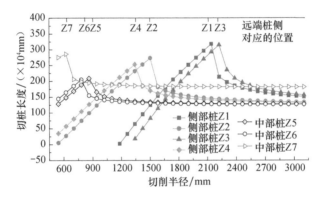

图 10.1.4 各切削半径下切削左线桩基的切桩长度

试验时的最大刀具磨损量为 2.8mm，其切削半径为 2462mm，约等于桩基偏离距离 1.8m 与桩基半径 0.6m 之和，从而也证实了上述规律。可见，切桩的刀具损伤规律有其特殊性，最大磨损并非发生在刀盘外周部。

2）刀具切削群桩的磨损量预测

设一个切削轨迹布置单把贝壳刀的磨损系数为 k，切桩长度为 L_p，则单把刀的磨损量 δ 为

$$\delta = kL_\mathrm{p}$$ （10.1.4）

若一个轨迹布置 M 把刀，根据日本某公司的施工实际推算统计，该轨迹的磨损系数 k_M 和磨损量 δ_M 为

$$k_M = kM^{-0.333} \qquad (10.1.5)$$

$$\delta_M = k_M L_{\mathrm{p}} \qquad (10.1.6)$$

切桩试验的贝壳刀磨损量均较小，考虑到过小的磨损量会引起较大的测量误差，故仅采取最大的轨迹磨损量来反算磨损系数。最大的磨损轨迹半径为 2462mm，该轨迹布置两把刀，两把刀的平均磨损量为 2.3mm。根据图 10.1.1 的计算模型及试验时的切削参数，可计算出该轨迹的切桩长度为 1.532km，再根据式（10.1.5）和式（10.1.6），可计算出一个轨迹布置单把贝壳刀的磨损系数为 1.891mm/km。

苏州切桩工程左右线的刀具磨损量预测如表 10.1.1 所示。根据第 6 章的仿真计算结果，超前贝壳刀与普通贝壳刀所受的切削力以及刀具磨损量基本相同，但为了充分保障实际切桩工程的安全，仍假设超前贝壳刀比普通贝壳刀磨损更快，其磨损系数取 $1.3k$。贝壳刀的刀刃高度为 60mm，根据工程经验，其允许磨损量能达到 50mm。因此，从刀具磨损角度来看，苏州左右线工程切桩均是可行的。

表 10.1.1 苏州切桩工程的刀具磨损量预测

项目	左线切削 7 根桩		右线切削 7 根桩	
	普通贝壳刀	超前贝壳刀	普通贝壳刀	超前贝壳刀
最长的累计切桩长度/km	13.36	12.18	11.55	11.92
k/(mm/km)	1.891	2.458	1.891	2.458
K_M/(mm/km)	1.501	1.952	1.891	1.952
δ_M/mm	20.05	23.77	21.84	23.27

注：根据工程筹划，推速采用 1mm/min，转速为 0.8r/min。

10.1.3 工程可行性分析

盾构切桩施工涉及盾构机、上部桥梁结构和管片衬砌三大系统主体，一项切桩工程的可行，需以能同时保障盾构、上部桥梁结构和管片衬砌的三重安全为前提，对于连续切削大直径群桩更是如此。

在盾构机安全问题上，关键在于刀盘能否顺利切削以及桩渣能否顺畅排出，具体来说，存在四大难点及可行性条件：所配置的刀具能否直接将钢筋切断并切成合适长度；混凝土体量大且钢筋根数多，刀盘、刀具的总切削能力和抗崩损能力能否经受住考验；推力和扭矩可能较大，能否控制在盾构设备的额定承载范围内；螺旋输送机能否顺畅排出可能存在的长钢筋和大块混凝土。

根据第 9 章的试验成果可知：新型切桩贝壳刀可较为容易直接切断钢筋，且由于切筋能力主要来源于刀刃合金材料，故磨钝后的贝壳刀仍具备切断钢筋的能力（但宜以更小的切深）；同心圆等间距的刀具布置方式能充分地全覆盖面切削桩身和保护刮刀；切削两根大直径桩基后，正面贝壳刀、边缘大贝壳刀以及中心小贝壳刀的损伤均较小；常规盾构机的额定推力和扭矩可满足同时切削两根桩的要求。虽然试验中同时发现，存在合金刀刃崩裂较多和钢筋长度过长两大问题，但已经找出原因并给出相应的解决方案。

针对苏州切桩工程左右线各连续切削 7 根群桩的刀具磨损问题，10.1.2 节对刀具磨损量预测也表明是可行的。因此，基于试验结果和刀具磨损量预测，假设螺旋输送机排出桩渣方面也没有问题，那么可以判断：从盾构机安全角度而言，苏州切桩工程是可行的。

在上部桥梁结构和管片衬砌问题上，以下将以苏州切桩工程为例，对切断多根大直径桩基工况下的安全性能及加固方案进行研究。

10.2　桥梁结构的承载力检算与加固

10.2.1　分析思路和检算方法

盾构切削穿越桥梁群桩时，由于桩基长度被截短、桩身在推力、扭矩下严重变形以及桩周土受扰动等因素，桥梁基础的承载力将会显著降低，对桥桩上部结构安全构成威胁。为充分确保桥梁结构的安全性，可采取极限假设的分析思路，即假设所有桥桩均全部丧失承载力，仅依靠墩台部分支撑桥梁上部结构。

考虑到广济桥为公路桥梁，分析检算以《公路桥涵地基与基础设计规范》（JTG D63—2007）为基本依据，桥梁墩台安全性的检算内容和方法如表 10.2.1 所示。

表 10.2.1　墩台安全性检算内容和方法

验算内容	所用荷载组合	主要检算标准
持力层地基承载力验算	正常使用极限状态的短期效应组合	基础底面地基应力＜地基承载力容许值
下卧层地基承载力验算	正常使用极限状态的短期效应组合	各软弱下卧层地基应力＜地基承载力容许值
基底合理偏心距验算	作用标准值效应组合、仅受永久作用标准值组合	基底偏心距＜某规范值
抗倾覆、抗滑移验算	永久作用和汽车、人群的标准值效应组合	抗倾覆系数＞稳定性系数 抗滑移系数＞稳定性系数
地基沉降计算	正常使用极限状态作用长期效应组合	无

10.2.2 检算结果及分析

广济桥四个墩台基础中的 1# 桥墩，由于其为薄壁式桥墩，承台底面尺寸较小，加之该桥墩下的桩基直径为 1.2m，相比于其他墩台的桥桩，切桩施工时受施工影响更大，因此为最不利墩台。下面的检算主要以 1# 桥墩为重点进行说明。

1）荷载及其效应组合

按现行规范，计算时既考虑了墩台自重恒载和台侧土压力等永久作用，也考虑了车辆荷载、人群荷载等可变作用。广济桥 1# 桥墩承台底面各种作用效应在正常使用极限状态下的短期组合，按最不利组合可以有竖向作用力最大、顺桥向弯矩最大和横桥向弯矩最大这三种工况。竖向作用力最大的工况组合为恒载、双孔 6 车道偏载的车道荷载与双孔双侧加载的人群荷载组合；顺桥向弯矩最大的工况组合为恒载、双孔 3 车道偏载的车道荷载与双孔单侧加载的人群荷载组合，为最不利荷载组合 II；横桥向弯矩最大的工况组合为恒载、单孔 6 车道偏载的车道荷载与单孔双侧加载的人群荷载组合，为最不利荷载组合 III。这三种最不利组合的计算结果如表 10.2.2 所示。

表 10.2.2　1# 桥墩正常使用极限状态下作用短期效应的最不利组合

作用效应最不利组合	竖向力/kN	横桥向弯矩/(kN·m)	纵桥向弯矩/(kN·m)
竖向作用力最大	15421.97	1762.64	4478.51
顺桥向弯矩最大	14499.95	1703.92	14876.37
横桥向弯矩最大	14424.27	1962.18	30410.20

2）持力层地基承载力检算

地基承载力基本容许计算公式为

$$[f_a] = [f_{a0}] + k_1 \gamma_1 (b - 2) + k_2 \gamma_2 (h - 3) \tag{10.2.1}$$

轴心荷载作用下，基底平均压应力计算公式为

$$p = \frac{N}{A} \leqslant [f_a] \tag{10.2.2}$$

双向偏心荷载作用下，基底平均压应力计算公式为

$$p_{\max} = \frac{N}{A} + \frac{M_x}{W_x} + \frac{M_y}{W_y} \leqslant \gamma_R [f_a] \tag{10.2.3}$$

经检算，各墩台基础地基承载力的验算结果如表 10.2.3 所示，可以看出，0# 桥台、2# 桥墩和 3# 桥台的持力层地基承载力均满足要求，而 1# 桥墩不满足要求，需对 1# 桥墩采取加固措施。

表 10.2.3　各墩台基础地基承载力验算结果

墩台	轴心荷载	双（单）偏心荷载	结论
0#桥台	$p = 151\text{kPa} < [f_a] = 220\text{kPa}$	$p = 193\text{kPa} < [f_a] = 220\text{kPa}$	满足
1#桥墩	$p = 208.85\text{kPa} > [f_a] = 80\text{kPa}$	$p = 310.37\text{kPa} > [f_a] = 80\text{kPa}$	不满足
2#桥墩	$p = 139.72\text{kPa} > [f_a] = 220\text{kPa}$	$p = 170.70\text{kPa} > [f_a] = 200\text{kPa}$	满足
3#桥台	$p = 159.42\text{kPa} > [f_a] = 247.65\text{kPa}$	$p = 210.22\text{kPa} > [f_a] = 247.65\text{kPa}$	满足

注：1#桥墩基底下土层为①-1素填土，依据地质勘查报告，其地基容许承载力仅为 80kPa。

3）下卧层地基承载力检算

软弱下卧层的承载力验算公式为

$$p_z = \gamma_1(h + z) + \alpha(p - \gamma_2 h) \leqslant \gamma_R[f_a] \tag{10.2.4}$$

经计算，0#桥台、1#桥墩、2#桥墩和 3#桥台下各下卧层的地基承载力均能满足要求，1#桥墩的检算结果如表 10.2.4 所示。

表 10.2.4　广济桥原 1#桥墩下卧层承载力验算结果

层面埋深/m	对应位置	总应力 $p_z/(\text{kN/m}^2)$	容许承载力 $[f_a]/\text{MPa}$	验算结果	
2.7	第一下卧层顶面	214.11	220.0	$p_z = 214.11 < [f_a] = 220.0$	满足
5.4	第二下卧层顶面	138.88	212.8	$p_z = 138.88 < [f_a] = 212.8$	满足
6.4	第三下卧层顶面	135.65	188.7	$p_z = 135.65 < [f_a] = 188.7$	满足
13.7	第四下卧层顶面	170.22	302.8	$p_z = 170.22 < [f_a] = 302.8$	满足
16.5	第五下卧层顶面	191.40	347.7	$p_z = 191.40 < [f_a] = 347.7$	满足
19.5	第六下卧层顶面	218.09	362.4	$p_z = 218.09 < [f_a] = 362.4$	满足
29.5	第七下卧层顶面	302.34	362.6	$p_z = 302.34 < [f_a] = 362.6$	满足
36.7	第八下卧层顶面	368.32	400.2	$p_z = 368.32 < [f_a] = 400.2$	满足

4）基底合理偏心距验算

基底以上外力作用点对基底重心轴的偏心距 e_0 按式（10.2.5）计算：

$$e_0 = \frac{M}{N} \leqslant [e_0] \tag{10.2.5}$$

基底承受单向或双向偏心受压的 ρ 值可按式（10.2.6）计算：

$$\rho = \frac{e_0}{1 - \frac{p_{\min} A}{N}} \qquad (10.2.6)$$

$1^{\#}$桥墩基础基底合力偏心距验算结果如表 10.2.5 所示，满足规范要求。

表 10.2.5   1[#]桥墩基础基底合力偏心距验算结果表

墩台	效应组合	验算结果	结论
$1^{\#}$桥墩 $b = 2.2\text{m}$	作用标准值效应组合	$e_0 = 1.033\text{m} \leqslant \rho(= 2.429\text{m})$	满足
	仅永久作用标准值组合	$e_0 = 0.022\text{m} \leqslant 0.1\rho(= 0.053\text{m})$	满足

5）抗倾覆和抗滑移稳定性验算

抗倾覆稳定性系数的计算公式为

$$k_0 = \frac{s}{e_0} \qquad (10.2.7)$$

抗滑移稳定性系数的计算公式为

$$k_c = \frac{\mu \Sigma P_i + \Sigma H_{ip}}{\Sigma H_{ia}} \qquad (10.2.8)$$

经计算，抗倾覆稳定性系数 $k_0 = 13.6 > 1.5$，抗滑移稳定性系数 $k_c = 9.7 > 1.3$，均满足规范要求。

10.2.3   1[#]桥墩加固方案比选

$1^{\#}$桥墩承台基础的原设计宽度 $b = 2.2\text{m}$，采取做成扩大基础的方式对其进行扩宽加固，考虑到行车道建筑限界和基础刚性角要求，拟分为三种比选方案：①扩宽 $b = 3.2\text{m}$，按一台阶厚度 1.5m 设计；②扩宽 $b = 4.0\text{m}$，台阶总厚度 1.5m，二台阶设计；③扩宽 $b = 4.0\text{m}$，台阶总厚度 1.5m，三台阶设计。三种加固方案分别如图 10.2.1 所示。

三种加固方案的地基承载力的验算结果如表 10.2.6 所示，可见第三种加固方案对减小基底压应力最有效，为优选方案。$1^{\#}$桥墩三种加固方案的基底仍位于①$_{-1}$素填土中，其地基承载力$[f_a]$仅 80kPa，必须对其进行地基加固，以提高其容许承载力$[f_a]$，具体可通过压密注浆或灌注素混凝土置换等加固方法。另外，在新扩大基础施工时预先埋置注浆孔，以便后期墩台有较大沉降时，对地基进行注浆加固。

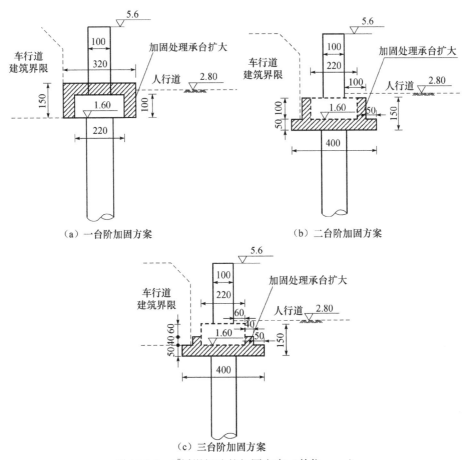

图 10.2.1　1#桥墩拟选的加固方案（单位：cm）

表 10.2.6　三种加固方案地基承载力验算结果

	墩台	轴心荷载	双（单）偏心荷载	结论
1#桥墩	$b=3.2\mathrm{m}$ 一台阶	$p=160.6\mathrm{kPa}>[f_a]=80\mathrm{kPa}$	$p_{\max}=215.3\mathrm{kPa}>[f_a]=80\mathrm{kPa}$	不满足
	$b=4.0\mathrm{m}$ 二台阶	$p=134.37\mathrm{kPa}>[f_a]=80\mathrm{kPa}$	$p_{\max}=174.65\mathrm{kPa}>[f_a]=80\mathrm{kPa}$	不满足
	$b=4.0\mathrm{m}$ 三台阶	$p=131.25\mathrm{kPa}>[f_a]=80\mathrm{kPa}$	$p_{\max}=171.53\mathrm{kPa}>[f_a]=80\mathrm{kPa}$	不满足

10.2.4　1#桥墩加固具体施工措施

1. 加固实施方案

将 1#桥墩承台扩大，如图 10.2.2 所示，在新增扩大基础施工前，在扩大基础以下 5m 范围内进行压密注浆加固，施工时在扩大基础下按间距 80cm 预埋注浆管，以便隧道施工时，如果发生沉降可以进行跟踪注浆。1#桥墩基础承台尺寸为100cm×220cm×3000cm，扩大后承台尺寸为 150cm×320cm×3000cm，承台采用C30 混凝土加固。

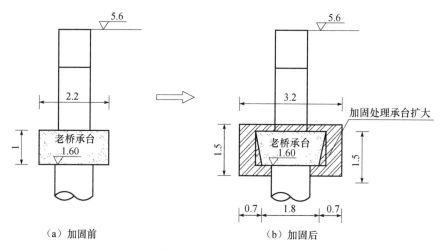

（a）加固前　　　　　　　　　　（b）加固后

图 10.2.2　1#桥墩加固前后断面图（单位：m）

为了提高承台下方土体的承载力，对承台下方土体进行压密注浆，注浆深度为-3.4~1.6m，注浆孔间距为 0.8m，孔位如图 10.2.3 所示。

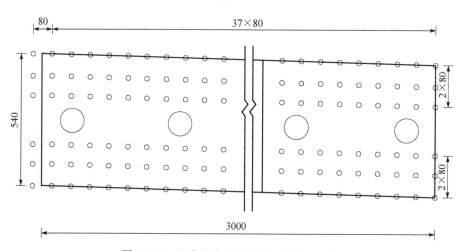

图 10.2.3　注浆孔布置平面图（单位：m）

2. 具体施工过程

1）承台扩大基础施工

（1）承台基坑开挖：承台基坑开挖前，测量人员根据承台投影线放开挖线，挖掘过程中用水准仪控制高程，开挖到基地时注意不要破坏原状土层，基坑底留20cm 人工清理。开挖出的土方要及时运送到指定地点。

（2）桩处理：采用人工对承台下方土体进行掏挖，清除桩周围的土方，露出桥梁桩基。

（3）老桥承台表面凿毛处理：为了使加固后的承台与原先承台很好地衔接，对 1# 桥墩原有承台进行凿毛处理，如图 10.2.4 所示。

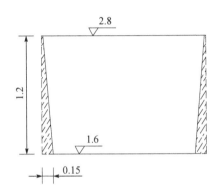

图 10.2.4　承台表面凿毛施工（单位：mm）

（4）承台垫层：在验收合格的基底进行测量放线，放出垫层四角点并标注顶高程，浇筑 10cm 厚的 C20 混凝土垫层。

（5）钢筋绑扎：根据设计图纸，在现场对钢筋进行加工，如图 10.2.5 所示。

图 10.2.5　扩大基础配筋及现场施工图

（6）承台混凝土浇筑：混凝土采用商品混凝土，质控人员监督混凝土质量，包括水灰比、坍落度、和易性等，坍落度为 18～22cm；混凝土罐车运输混凝土至承台附近，用泵车输送。承台顶面混凝土浇筑完成后进行人工修整、抹平及铁抹子赶光压实。

2）承台基础压密注浆

（1）为了提高承台下方土体的承载力，对承台下方土体进行压密注浆，如图 10.2.6 所示，注浆深度为-3.4～1.6m，注浆孔间距为 0.8m，水泥为 425# 普硅水泥，水玻璃模数为 2.5～3.3，浓度为 40°Bé，浆液配比为水泥：水玻璃=1：0.05，水灰比为 0.6。

（2）水泥浆搅拌时间要大于 60s，当注浆深度大于 1.5m 时，注浆压力为 0.2MPa；当注浆深度小于 1.5m 时，注浆压力为 0.1MPa，注浆速率为 20～25L/min，水玻璃为 5～7L/min。通过注浆泵严格控制两浆浆液流量和调节两浆浆液比例。

（3）为提高注浆质量，每次注浆段需两次注浆，即在第一次达到注浆压力值时，关闭球阀，隔 10～15min 开阀进行第二次注浆，再间隔 10～15min 拔管，进入下一次注浆，并重复上述注浆间隔和两次注浆工艺，施工中必须采用多空轮换注浆，以提高工效。

（4）注浆时采用一次加密法，即先注 1、3、5……，然后注 2、4、6……间隔注浆，发现冒浆时用水玻璃封堵，待压力消失后，继续注浆。

图 10.2.6　注浆现场

3）后期处理

广济桥加固施工完成后，对 1# 桥墩临路侧承台采用 3cm 厚的花岗岩进行贴面处理，并铺设道路侧石，如图 10.2.7 所示。

（a）扩大基础浇筑　　　　　　　　　　　　（b）后期恢复

图 10.2.7　扩大基础施工及后期恢复

10.3　隧道管片衬砌的附加应力计算与配筋增强

盾构切削桩基后，管片的受力性状不同于以往常规荷载，需要研究此特殊条件下管片所承受的荷载及配筋是否符合管片受力性能要求。分析内容为以下三点：

（1）切桩后上部桩体的桩端是否可能直接作用在衬砌管片上。

（2）墩台在隧道顶部产生的附加应力大小。

（3）原管片衬砌在上述特殊荷载作用下是否满足强度及变形控制要求，是否需要对管片配筋提出特别的加强措施。

10.3.1　切桩后桩端与管片相对位置分析

根据前面计算，$1^{\#}$桥墩为四个墩台中最不利墩，盾构切桩后桩端可能产生较大沉降，其桩端与管片的相对位置关系最危险。

在前面的地基沉降分析中，已经计算出 $1^{\#}$桥墩三种加固方案无桩分析得到的工后沉降，再加上盾构施工扰动引起的地表沉降量按控制值 16mm 计算，则广济桥 $1^{\#}$桥墩承台扩大基础的总沉降量为

$$s'_{\text{工后}} = (1-U)s + s_{\text{shield}} = \begin{cases} 22.2 + 16 = 38.2\text{mm} < 70\text{mm } (b = 3.2\text{m}, \ 一台阶) \\ 21.8 + 16 = 37.8\text{mm} < 70\text{mm } (b = 4.0\text{m}, \ 二台阶) \\ 21.0 + 16 = 37.0\text{mm} < 70\text{mm } (b = 4.0\text{m}, \ 三台阶) \end{cases}$$

三种加固方案下，$1^{\#}$桥墩桩基的总沉降量均远小于盾尾建筑空隙 70mm，因此，切削广济桥四个墩台桩基后，残余的上部桩基不会直接作用到衬砌管片上，而只会在隧道顶部产生附加应力。

10.3.2 计算断面选取

1#桥墩作为四个墩台中需要加固的最不利墩，需要检算其对应位置下管片的受力及配筋。另外，管片的受力与配筋受管片埋深的影响较大，3#桥台对应位置下的管片埋深最大（为 16.3m），也需要进行检算。具体计算时，计算断面选 1#桥墩和 3#桥台的基础中心正下方所对应的管片断面。

10.3.3 附加应力计算

1）1#桥墩在隧顶产生的附加应力

先计算 $b=4.0$m 三台阶加固方案下的附加应力，如表 10.3.1 所示。

表 10.3.1 1#桥墩作用效应的最不利荷载组合（$b=4.0$m，三台阶）

作用效应最不利组合形式	M_x / (kN·m)	M_y / (kN·m)	N / kN
组合Ⅰ	2930.448	6896.910	23553.294
组合Ⅱ	2840.027	22909.607	22133.376
组合Ⅲ	3237.740	4695.768	22016.836

最不利组合下基底平均压应力为

$$p = \frac{N}{A} = 196.277 (\text{kPa})$$

基底自重应力为 28.075kPa，隧顶的附加应力系数 $\alpha = 0.2312$，则在隧顶处的附加应力为

$$(196.277 - 28.075) \times 0.2312 \approx 38.89 (\text{kPa})$$

类似地，$b=4.0$m 二台阶加固方案和 $b=3.2$m 一台阶加固方案在隧道顶处产生的附加应力分别为 39.96kPa 和 38.43kPa。则可根据上述三个附加应力值选取最不利者，即 39.96kPa 进行 1#桥墩下管片内力和配筋计算。

2）3#桥台在隧顶产生的附加应力

计算 3#桥台的附加应力，得到作用效应的最不利组合，如表 10.3.2 所示。

表 10.3.2 3#桥台作用效应的最不利组合

作用效应最不利组合形式	M / (kN·m)	N / kN
组合 5	10897.32	39728.98

最不利组合下基底平均压应力为

$$p = \frac{N}{A} = 237.50 (\text{kPa})$$

基底自重应力为 54.18kPa，隧顶的附加应力系数 $\alpha = 0.3492$，则在隧顶处的附

加应力为

$$(237.50-54.18)\times0.3492\approx64.02(\text{kPa})$$

10.3.4　管片受力和配筋计算分析

1）相关参数

隧道外径 D=6.2m，管片厚度 $\delta=0.35$m，钢筋混凝土管片重度取 γ_{h}=25kN/m³，混凝土弹性模量 E=330MPa，计算半径 R_{H}=2.925m。1#桥墩和 3# 桥台计算断面的主要参数统计如表 10.3.3 所示。

表 10.3.3　计算断面主要参数统计

主要参数	1·桥墩	3·桥台
上覆土厚度/m	12.0	16.3
静止侧压力系数（加权平均）	0.38	0.43
水平基床系数（加权平均）/(MPa/m)	30.81	30.81
地下水位（距离地表）/m	2.64	2.64

2）荷载计算

作用在管片上的荷载主要有垂直土压力、水平土压力、水压力、自重、地基抗力及上部结构的附加应力。采用水土分算的方法计算水土压力。

3）内力计算

采用错缝拼装虽然弥补了一部分由于接头的存在而造成的管片刚度降低，但管片变形仍大于完全均匀刚度管片环，故采用修正惯用法更能反映实际情况。考虑纵缝接头的存在，导致整体抗弯刚度降低，取圆环抗弯刚度为 ηEI（η取 0.8），考虑错缝拼装管片接头弯矩的传递，得接头处内力：

$$M_j = (1-\xi)\times M \qquad (10.3.1)$$

$$N_j = N \qquad (10.3.2)$$

管片内力：

$$M_s = (1+\xi)\times M \qquad (10.3.3)$$

$$N_s = N \qquad (10.3.4)$$

式中，ξ 为弯矩调整系数，取 0.3；M 和 N 分别为按均质圆环计算的弯矩和轴力。

计算内力时采用承载力极限状态组合：荷载系数 1.35×永久荷载+荷载系数 1.4×活载，裂缝宽度验算采用荷载系数 1.0×永久荷载+荷载系数 1.0×活载，结构重要性系数取 1.1。

4）配筋计算

根据每环管片内力计算结果，如表 10.3.4 和表 10.3.5 所示，在承载力极限状态荷载组合内力基础上进行配筋。配筋计算控制条件为：①管片混凝土强度等级 C50；②管片主筋外侧混凝土保护层厚度 50mm，内侧混凝土保护层厚度 40mm；③管片最小配筋率 0.2%；④最大计算裂缝宽度允许值 0.2mm；⑤裂缝宽度验算主筋混凝土保护层厚度取 30mm。

表 10.3.4　每环管片内力统计表

计算断面	承载力极限状态（考虑结构重要性系数 1.1）						裂缝宽度验算					
	M_1 / (kN·m)	N_1 / kN	M_2 / (kN·m)	N_2 / kN	M_3 / (kN·m)	N_3 / kN	M_1' / (kN·m)	N_1' / kN	M_2' / (kN·m)	N_2' / kN	M_3' / (kN·m)	N_3' / kN
1#桥墩（考虑附加应力）	300.9	1080.8	−241.0	1487.4	249.1	1261.5	167.7	750.5	−122.5	998.4	134.3	871.8
1#桥墩（不考虑附加应力）	257.9	1023.6	−206.1	1380.2	206.2	1205.6	146.2	709.2	−106.3	928.6	110.9	830.8
3#桥台（考虑附加应力）	391.5	1537.7	−316.1	2038.6	339.3	1723.6	216.,3	1066.4	−159.2	1376.0	183.2	1190.0
3#桥台（不考虑附加应力）	304.9	1403.3	−243.7	1816.6	250.9	1589.7	171.0	969.6	−124.7	1222.7	136.0	1094.7

表 10.3.5　配筋面积计算汇总表（承载力极限状态）

计算断面	内侧M_1 /(kN·m)	内侧N_1 /kN	A_s/mm²	实配钢筋	外侧M_2 /(kN·m)	内侧N_2 /kN	A_s/mm²	实配钢筋	管片类型
1#桥墩（考虑附加应力）	300.9	1080.8	2525	8ϕ22	241.0	1487.4	1558	10ϕ16	深埋

续表

计算断面	内侧M_1 /(kN·m)	内侧N_1 /kN	A_s/mm²	实配钢筋	外侧M_2 /(kN·m)	内侧N_2 /kN	A_s/mm²	实配钢筋	管片类型
1#桥墩 (不考虑附加应力)	257.9	1023.6	2030	8φ20	206.1	1380.2	1199	10φ16	中埋
3#桥台 (考虑附加应力)	391.5	1537.7	3105	8φ25	316.1	2038.6	1946	10φ18	超深埋
3#桥台 (不考虑附加应力)	304.9	1403.3	2135	8φ20	243.7	1816.6	1228	10φ16	中埋

5）计算结果分析

根据上面的计算可见，广济桥墩台基础在隧道顶部产生的附加应力对管片内力影响较大。若不考虑附加应力的影响，下穿广济桥段管片配筋均可按中埋管片设计。若考虑附加应力的影响，根据 1#桥墩断面的计算结果，穿越广济桥段管片配筋可按深埋管片进行设计，但由于上部覆土较深（16.3m），3#桥台位置需按超深埋管片设计。

考虑到盾构切削桩基施工难度大、风险高，以及上部桥梁结构附加应力的影响和隧道覆土变化等情况，本段区间下穿广济桥时，管片配筋建议按超深埋管片进行设计。

10.4　盾构切削穿越大直径桩基施工控制技术

10.4.1　刀盘切削关键技术

刀盘切削大直径桩基施工以"慢推速、中转速、巧转向、控姿态、适超挖"为核心控制技术。

1）慢推速

盾构刀盘切桩以"磨削"为基本理念，刀具应慢推速、小切深地磨切混凝土和钢筋。考虑到本工程比以往类似切桩工程难度更大、风险更高，因此应采取更慢的掘进速度，控制在 1～3mm/min；若切桩过程中盾构推力和扭矩过大，不仅将影响到盾构自身安全，而且会对桥桩产生较大的作用力，进而影响桥梁结构安全，因此参考案例经验，将推力和扭矩分别控制在 13000～18000kN 和 2500～3500kN·m。

2）中转速

在推速一定的情况下，刀盘转速增大，虽然会降低刀具对桩基的单次切削深度，有利于降低推力和扭矩，但转速大时刀盘外边缘刀具的切削线速度必然大，会使刀具接触桩基时受到较大的冲击荷载，容易导致合金崩裂甚至整块崩脱。因此，为兼顾控制推力扭矩和保护刀具的双重需要，刀盘转速不应过大也不应过小，以中等转速为宜，建议为 0.5～0.8r/min。

3）巧转向

对于位于刀盘侧部的桩基，根据切削受力分析可知，不同的刀盘转向会对侧桩产生不同的切削分力。例如，刀盘同时切削 3# 桥台的两根桩基时，如图 10.4.1 所示，若刀盘右回转，可对位于盾构刀盘左侧的桩基产生向上的切削分力，此分力将对桩基产生向上的顶推作用，从而利于控制桩基下沉，也可缓解切桩时钢筋对桩基的向下拉拽。

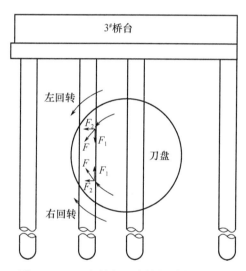

图 10.4.1　刀盘转向影响桩基受力示意图

从切桩试验可以发现，工况 5 和工况 7 产生的合金崩裂崩落在刀具的一侧明显多于另一侧，这与改变刀盘转向有较大的关系。实际工程切桩时，应尽量减少刀盘转向改变次数，以利于刀具合金的保护。切桩试验时，工况 7 在推进 97mm 后，因调整盾构姿态需要将刀盘转向由右回转变为左回转。对比刀盘转向改变前和改变后短时间内（假定认为桩截面不变）的推力和扭矩发现，改变刀盘转向后的推力及扭矩均明显低于改变刀盘转向前的数值，这说明，通过调节刀盘正反扭转有助于降低切桩的推力及扭矩。

4）控姿态

由于切桩施工环境的特殊性、复杂性，关于盾构姿态，应注意和考虑以下 4 个方面：

（1）盾构刀盘切削或磨削桥桩过程中，桩基反作用于刀盘，刀盘正面容易受力不均，盾构姿态控制难度较大。

（2）切桩过程中隧道轴线处于上坡阶段，如图 10.4.2 所示，盾构刀盘并非从开始就全断面接触桥桩，而是与桩基之间具有一定的夹角。分析可知，盾构机中心刀首先接触桥桩，然后是刀盘下半部分贝壳刀，最后整个刀盘开始全断面切削桩基。由于盾构刀盘上下受力不均衡，容易导致盾构机盾尾上翘。

（3）由于盾构机连续切削穿越多根桥桩，若盾构姿态控制不好，很可能导致已切断的残桩直接作用在盾构机壳上，同时会进一步增大桩端对管片安全的风险。

（4）盾构机穿越广济桥后不足 50 环即到达石路车站，这对盾构机穿越广济桥后盾构姿态要求较高，需要在施工过程中严格控制盾构姿态。

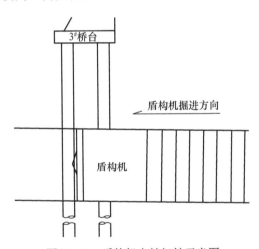

图 10.4.2 盾构机上坡切桩示意图

5）适超挖

适时开启仿形刀进行扩挖，仿形刀伸出长度 8cm，一方面防止残余桩体触伤盾构机壳和注浆外包管，另一方面扩大管片与桩体之间的间隙，有利于进行注浆填充，使管片与桩体两种刚性物体间存在塑性过渡段，防止桩体后期沉降对管片产生不利影响。为减少对周边土体的扰动，切削桥桩时开启仿形刀，并控制仿形刀的开启角度，在桩基范围开启，离开桩基后收回。

10.4.2　穿桩施工辅助技术

对于切削穿越大直径群桩施工，提出"保土压、注惰浆、改良渣、控土量"等辅助施工技术。

1）保土压

保土压是控制桥梁沉降的关键。与通常掘进不同，切桩施工引起的扰动主要在刀盘位置，而桥桩和墩台的承载力来源于其周边土体的支持，因此，盾构切削桩基施工时应尽可能减少对周围土体的扰动，特别是防止土体过量沉降和变形，故切桩时土仓压力设定应适当提高。同时在动态出土过程中，应将土压稳定保持在一个高位，具体可通过"闷推"来实现：先完全关闭排土闸门，盾构机"闷推"前进，待土压升高到比设定土压高0.03MPa后，手动出土，控制闸门开口率不超过10%，土压降到设定土压后立即关闭闸门，继续"闷推"，如此循环。

在穿越广济桥段分别选取四个典型断面，计算理论土压力，四个断面分别为穿桥前2环（485环）、山塘河河底最深处（498环）、上塘街车行道（515环）以及穿桥后2环（532环）。具体计算时，对于渗透系数较小的③₁黏土层、③₂粉质黏土层、④₁粉质黏土层采用水土合算，对于渗透系数较大的③₃粉土层、④₂粉砂土层采用水土分算。四个断面的理论土压力计算结果如表10.4.1所示。可将理论土压力乘以较大的安全系数，以达到适当提高土仓压力设定值的目的，并根据沉降监测结果再实时反馈调整土压力设定。

表 10.4.1　盾构穿越广济桥段四个断面的理论土压力

断面选择	断面 1	断面 2	断面 3	断面 4
对应位置	穿桥前 2 环（485 环）	河底最深处（498 环）	上塘街车行道（515 环）	穿桥后 2 环（532 环）
覆土厚度 /m	16.42	覆土 7.78，水深 3.84	11.75	14.91
理论土压值 /MPa	0.154	0.111	0.119	0.136

2）注惰浆

盾构切桩通过后，被切断的上部残桩将作用于壁后注浆的浆液中，为防止上部残桩继续下沉而对管片衬砌产生集中荷载，应选择强度不高、凝固较慢的浆液类型，注浆量上可参考盾构前期在相同土层中掘进的情况，再根据桥梁沉降监测数据及时调整。苏州轨道交通2号线前期盾构施工实践中所使用的"准厚浆"是苏州轨道交通自主研发的新型浆液（具体研发过程和性能参数详见第12章），综合性能优良，总体上偏惰性，可基本避免堵管，但仍能达到控制沉降的效果。

3）改良渣

由于穿越桥桩段上部土层为④$_2$粉砂层，占隧道断面的 1/2～2/3，根据苏州轨道交通盾构施工经验，盾构在④$_2$粉砂层中推进会出现推力、扭矩均过大的情况，给切桩施工带来一定困难。施工中必须对切削土体进行渣土改良，注入泡沫剂和水改善土体特性，泡沫剂的注入量对刀盘扭矩大小存在直接影响。为此，针对苏州典型富水软弱粉细砂地层，研究开发了一种土压平衡盾构机用土体改良泡沫剂，关于该新型泡沫剂的详细描述见第 12 章。

4）控土量

对于土压平衡式盾构机，维持和调整设定压力值是盾构推进操作中的重要环节，在盾构施工中要严格监控好出土量。由于施工中采取了手动出土模式，出土量由盾构司机控制螺旋输送机来调节，如何保证出土量均衡，达到既不多出也不少出的目标，可采取以下措施：

（1）分析每一环出土量与盾构机推进管理行程之间的关系，制定出渣土量与管理行程对应关系表，根据渣箱配置，定好渣箱内渣土的位置线。本工程盾构出土通过四节渣土车由电瓶车拉至隧道外，每节渣箱可容纳土 12m³，考虑到切桩过程在刀盘前方注入水和泡沫剂量比正常情况多，因此每环出土总量按 40m³ 计算，盾构机每推 1 环，管理行程为 1200mm，由此可以得出表 10.4.2。

表 10.4.2　出渣土量与管理行程对应关系

渣箱序号	渣箱位置	出渣土量/ m³	管理行程控制值/mm
	1/3	4	120
	1/2	6	180
1 箱	2/3	8	240
	满箱	12	360
	1/3	16	480
	1/2	18	540
2 箱	2/3	20	600
	满箱	24	720
	1/3	28	840
	1/2	30	900
3 箱	2/3	32	960
	满箱	36	1080
4 箱	1/3	40	1200

（2）现场安排专人进行渣土监控，渣土监控人员认真检查每节渣车的载土量，并进行出土量记录。渣土监控表每一环填制一页，填制时应根据渣土在渣箱中的位置分别填制起止时间及对应的管理行程。当渣土量达到渣箱内 1/3、1/2、2/3 以及满箱位置线时，渣土监控人员及时通知盾构司机，盾构司机根据当前管理行程与控制值进行对比，以此来调整后续的出土量，达到综合控制整环出土量的目的。

10.4.3　工程管理措施

1）切桩前对设备全面检修

切削穿越 7 根桥桩施工，盾构机连续工作时间长，若有不慎可能会出现较大机械故障，例如刀，盘主轴承及驱动马达、推进千斤顶可能因受到冲击负荷或较高工作压力、工作温度而造成损坏。为此，切桩施工前，对盾构机各主要系统进行彻底保养和深度检查，确保各系统功能正常。

2）交通限行

切削穿越桥桩施工期间，禁止运渣车、挂车等重载货车从广济桥上通行，另外，分别对左、右线所切的 7 根桥桩所对应的桥面机动车道设置隔离栏和障碍柱，只允许非机动车从该车道通过。左、右线穿桩施工时的交通限行照片如图 10.4.3 所示。

（a）左线　　　　　　　　　　　　　　　（b）右线

图 10.4.3　穿桩施工时的交通限行照片

3）开展超挖试验

由于左线切桩时将开启仿形刀进行超挖，为了解超挖是否会引起地表沉降量的增大，在盾构掘进至 431 环时进行超挖试验。掘进 431 环全程过程中，开挖仿形刀分别对盾构左上和右上 22.5°～45° 进行超挖，仿形刀伸长长度为 8cm。通过对比 431 环与前后环数的地表沉降可知，431 环处没有沉降加大的现象，说明在软土地层中开启仿形刀只是超挖而不超排，不会引起地表沉降加大。

4）现场值班及动态管理

切桩进行时，成立工程指挥中心，施工、监理、业主等各单位 24 小时现场值班，高频率监测墩台三维变形，定时绘制更新切桩施工进度图和推进参数曲线，及时了解盾构和桥梁当前情况，并会议协商处理措施。对切桩全过程实施动态管理，从管理手段上有效保证盾构切桩的安全。

10.4.4　其他应考虑的问题

1. 分三阶段切削单桩的考虑

1）初期慢进阶段

切桩试验完成后，为了有利于所切断产生的钢筋更短，对 14 把贝壳刀进行垫高，其中，6 把贝壳刀垫高 65mm，8 把贝壳刀垫高 30mm。由于在初期阶段，只是少数的垫高刀比其他贝壳刀先行切削桩基，相比于全部贝壳刀均贯入桩基后，初始阶段的垫高刀受力更大、更容易损伤，因此，建议切削桩基初始阶段（如前 0～100mm）采用相比于中后期磨切阶段更小的推速和贯入度，以保护垫高刀。

2）中期磨切阶段

当贝壳刀合金较完好时，由于硬质合金头的硬度和抗弯强度（大于 2000MPa）远高于钢筋，硬质合金头能够去"切"钢筋，即钢筋被合金头从侧面强力剪切产生塑性变形。如果刀具合金完全崩落崩裂后，只剩下刀座母体，由于刀座与钢筋的侧向接触面积大，且刀座母体材料与钢筋的材料性质相近，因此刀座只能是去"磨"削钢筋，即金属原子的慢性流失。

3）尾期绞拉阶段

对于尾桩阶段（如最后 200mm），由于桩基剩余截面和残余刚度较小，混凝土破碎剥离而较难包裹住钢筋，因此刀盘、刀具较难实现磨切桩基，而是去缠绞或刮拉钢筋。为减小绞拉钢筋对刀具的冲击力，应采用更慢的转速，另外，为了有利于刀盘、刀具绞住或挂住钢筋，贯入度宜较大。

2. *刀盘切上桩基时机分析*

盾构切削的桥梁桩体为钢筋混凝土钻孔灌注桩，由于钻孔灌注桩施工存在垂直度问题，按照规范要求的垂直度 3‰考虑，盾构切削桩体的部位为桩体 8.5～14m。由于是上坡推进，刀盘底部先接触桩，桩基 14mm 处存在垂直度允许偏差±42mm。另外，该处地层为粉砂层，粉砂层中钻孔桩施工易引起桩身缩径的问题，施工中为保证桩身直径常采用扩孔的办法，这给盾构切桩时的桩基定位带来不确定性因素。

如何确定刀盘已经切上桩基成为切桩前必须考虑的一个问题。如果提前进入低速泵慢速推进模式，会使机器在正常段多耗时间，减少机器寿命，且夏季刀盘长时间工作会带来油温过高等负面影响，但如果滞后进入切桩模式，有可能使刀盘、刀具在高速状态下碰撞上桩体，从而造成刀具或设备的损坏。为避免上述情况发生，在施工中采取以下措施来确定刀盘是否切上桩体。

（1）根据盾构机的实际俯仰角以及与桩的断面位置关系，算出刀盘上最近刀具与桩在垂直情况下的理论距离，然后保留 10cm 的推进余量，当盾构机推进到该区段时，在正常推进模式下将速度降至最低慢速前进，密切观察盾构机的刀盘扭矩变化情况，当扭矩值发生较大范围的波动时，基本可以确定刀盘已靠近桩体周边。当然这还不能完全确定刀盘已经靠上桩体，钻孔桩表面并不完全光滑，有可能存在凸出混凝土硬块或水泥浆与粉砂组成砂浆块。

（2）安排专人进行"听"桥。利用固体传声快的规律，当刀盘切上桩体后，切削混凝土时必然会产生振动声，声波会从桩体传播至桩体上部的承台，在盾构机推进到距离桥桩理论距离 10cm 处时，安排人员至桥墩处贴住表面静听声音变化，事先标定好待切桩体上部中心点，当听到刀盘切削混凝土的振动声时及时向盾构推进管理人员汇报。

3. 既有结构裂缝的施工安全控制

通过现场调查观测发现，广济桥 0# 桥台西侧已出现宽度超 10mm 的斜裂缝，裂缝自桥台顶部沿斜 45° 方向延伸到桥台底部。0# 桥台位于广济桥最南端，从结构设计上考虑，此桥台不需下部桥桩即可完全满足承载要求，但由于广济桥下西侧有埋深 8.9m 的直径 800mm 污水管通过，为保护此污水管道而在桥台西侧加设了四根桥桩。广济桥修成至今已有八年，随着时间积累，0# 桥台的不对称结构导致了该桥台产生不均匀沉降，无桥桩的桥台东侧比有桥桩的桥台西侧会产生更大的沉降变形，因此引起了该桥台结构在桥台西侧开裂。

此次盾构左线穿越广济桥虽无需切削 0# 桥台下方桥桩，但左线隧道恰好从已发生较大沉降的桥台东侧穿过，若对该位置的地面沉降和桥台沉降控制不当，将会进一步引发 0# 桥台的不均匀变形，进而加剧桥台既有开裂情况，甚至可能引起桥台结构整体失稳、桥面板倾覆。因此，在左线盾构穿越 0# 桥台时，应严格控制盾构推进参数，适当提高土压力，加大同步注浆注入量，并及时跟进二次补浆。同时加大地表和桥台沉降的监测频率，定期监测既有裂缝宽度及延伸方向，并严禁在桥台附近停机。

10.5　双线切削穿桩施工总体情况

10.5.1　工程实施总体效果

如图 10.5.1 所示，左、右线盾构安全顺利到站，表明苏州切桩工程左、右线盾构均已成功切削穿越 7 根大直径桥桩，采用本书所述的刀具配置优化方案及切削施工控制技术。左、右线始发前均更换试验中已损伤的旧刀，为安全起见，采用另外加装的低速泵将推速控制在 1mm/min 左右，刀盘转速为 0.8r/min，左、右线穿桩施工工期分别为 8.5 天、15.5 天。双线切桩时，推力最大为 15190 kN，扭矩最大为 3348kN•m，螺旋输送机无卡死情况，刀盘无变形，左、右线的贝壳刀平均磨损量分别为 12.0mm、6.3mm。

（a）左线盾构安全进洞　　　　　　　（b）右线刀盘刀具损伤情况

图 10.5.1　左右线盾构安全顺利到站

经全程监测，桥梁墩台最大沉降为-17.1mm，最大纵向水平变形为-6.9mm，最大横向水平变形为 3.9mm，桩端处管片最大椭圆度为 34mm，最大错台为 17mm，管片无开裂等异常情况。工程实践的安全顺利，表明盾构直接连续切削大直径群桩是可行的，也证实了本书所研究提出的刀具配置及切削参数方案的合理性。

10.5.2　左、右线切桩历时与切削参数统计

设定盾构机以 1mm/min 推速磨切桩基，具体实施步骤为：①盾构刀尖距桥桩 2～5 环时，推速降低为 10mm/min；②刀尖距桥桩 1 环时，推速继续降

低为 5mm/min；③刀尖距桥桩 20cm 时，开启切桩专用小推进泵，推速设定为 1mm/min。

左、右线切削每排桩的历时及切削参数统计如表 10.5.1 和表 10.5.2 所示。切削一排桩基，由于刀盘长时间连续工作，中间还需停机降温、更换黄油、人员倒班等工序。小流量推进泵的实际推速跟推进阻力相关，当螺旋输送机出土导致前方土压降低时，推速能升至 3mm/min；当刀盘切削至桩基中部、推力较大时，实际推速降为 0.7～0.8 mm/min。

左、右线切桩工程中，切削一排桩最短、最长历时分别为 18.5h 和 41h。最长历时发生在切削右线第一排桩基，当时正值夏季，遭遇气温高、盾构设备散热难的问题。左线切桩时，推力最大为 13380kN，扭矩最大为 3222kN·m；右线切桩时，推力最大为 15180kN，扭矩最大为 3348kN·m。

表 10.5.1　左线切桩历时及切削参数统计

项目		第一排	第二排	第三排	第四排	第五排
主动切削参数		推速1mm/min，转速0.8r/min，设定土压0.16MPa				
切桩历时/h		18.5	21.3	25.5	21.5	30.3
总推力/kN	平均值	10848	10883	10943	10957	12209
	最大值	12540	12190	12030	12160	13380
总扭矩 /(kN·m)	平均值	1824	1932	1964	1935	1742
	最大值	2531	3270	3222	2768	2936

表 10.5.2　右线切桩历时及切削参数统计

项目		第一排	第二排	第三排	第四排	第五排	第六排	第七排
主动切削参数		推速1mm/min，转速0.8r/min，设定土压0.17MPa						
切桩历时/h		41	25	25.5	25.5	29	29	30.5
总推力 /kN	平均值	13727	12935	12163	12149	13380	12474	13922
	最大值	15190	14610	14020	14470	14560	14370	14026
总扭矩 /(kN·m)	平均值	1884	1374	1688	1215	1635	1488	1571
	最大值	3348	2338	2472	2112	2790	2953	3257

10.6　左线切削 5 排 7 根大直径桩基的实施过程与效果

左线穿桩设定盾构机切桩掘进速度为 1mm/min，整个过桥桩段按照以下步骤设定盾构机推速：①盾构机刀尖距桥桩前 2～5 环时，推速降低为 10mm/min；②刀尖距桥桩前 1 环时，推速继续降低为 5 mm/min；③刀尖距桥桩 20cm 时，推速设定为 1mm/min。

刀盘转速选择 0.8r/min，目标土仓压力以略高于实际计算土压为宜，设定为 0.16MPa。为使盾构机刀盘对桥桩的切削分力是向上的顶推力，而非向下的拉拽力，盾构机刀盘在切桩的绝大部分时段为右回转推进，只在切削第二排桥桩、第五排桥桩末段时为了降低盾构机扭矩及调整盾构机回转角改变刀盘转向为左回转。

10.6.1　切削 3#桥台 3-1、3-2 排桩施工情况

广济桥 3#桥台存在两排桩，对应左线隧道环号为 486～490 环，其中，485～486 环切削 3-1 排桩，489～490 环切削 3-2 排桩，每排均需切削两根直径 1000mm 的钢筋混凝土钻孔灌注桩。采用手动出土模式，土压力能一直控制在 0.16MPa 左右，波动幅度较小。3-1、3-2 排桩与左线位置关系如图 10.6.1 所示。

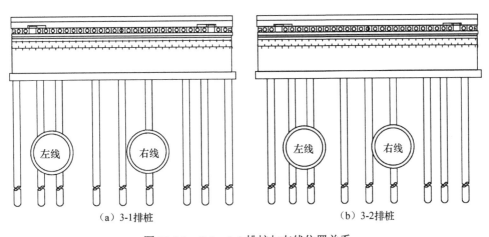

（a）3-1排桩　　　　　　　　　　（b）3-2排桩

图 10.6.1　3-1、3-2 排桩与左线位置关系

1）推进参数情况

切削 3-1、3-2 排桩对应的推进参数曲线如图 10.6.2 和图 10.6.3 所示。切削这两排桩施工时盾构总推力保持在 10000～12000kN，盾构机刀盘靠上桩体

后，转为低速泵推进模式，推进速度控制在 1mm/min 较为稳定。根据施工方案，盾构切桩时，扭矩控制在 2450kN·m 以内，3-1 排桩切削施工时，扭矩基本上在控制范围以内，但 3-2 排桩切削施工过程中，当刀盘切入桩体 30cm 后，扭矩增大到 2700~2900kN·m，个别情况达到 3000kN·m 以上，通过增加泡沫剂注入量和刀盘正反扭转等措施后，情况有所好转。

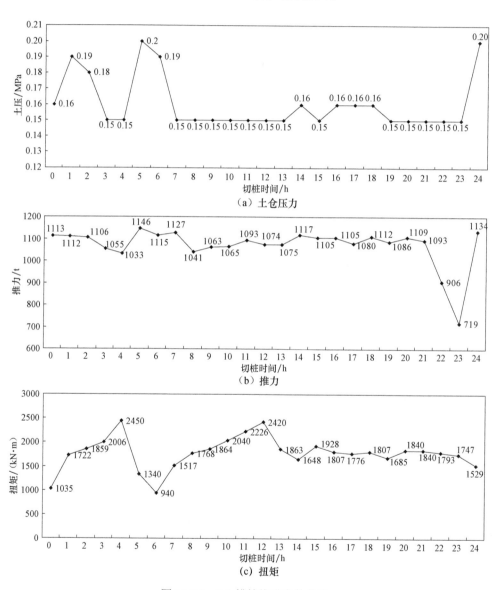

（a）土仓压力

（b）推力

（c）扭矩

图 10.6.2　3-1 排桩推进参数曲线

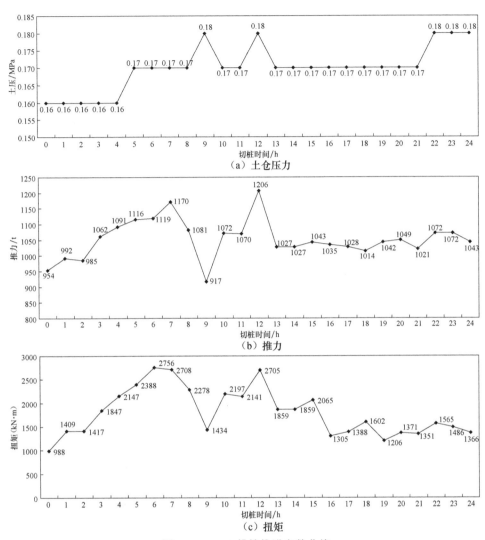

（a）土仓压力

（b）推力

（c）扭矩

图 10.6.3　3-2 排桩推进参数曲线

2）推进出土情况

切桩过程中设专人对渣土进行监控收集，如图 10.6.4 所示。将渣土中的钢筋和桩体混凝土块进行分离，如图 10.6.5～图 10.6.7 所示，并分析渣土中钢筋和桩体混凝土块含量。根据分析，平均每 500g 渣土中含 10g 混凝土碎屑。3-1、3-2 排桩切削施工完成后共收集钢筋主筋 17 根、箍筋 4 根，钢筋量相对较少，但皆为短钢筋，说明刀具增高改进后对钢筋的切割能力得到加强。

图 10.6.4 现场取样渣土

图 10.6.5 分离出的混凝土碎屑

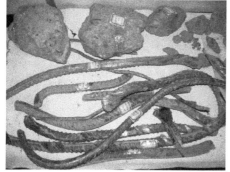
图 10.6.6 3-1 排桩施工排出钢筋

图 10.6.7 3-2 排桩施工排出钢筋

10.6.2 切削 2#桥墩 2-1、2-2 排桩施工情况

广济桥 2#桥墩下存在两排桩，对应隧道环号为 500～503 环，其中，500 环和 501 环切削 2-1 排桩，502 环和 503 环切削 2-2 排桩，每排均需切削一根直径 1000mm 的钢筋混凝土钻孔灌注桩。2-1、2-2 排桩与左线位置关系如图 10.6.8 所示。

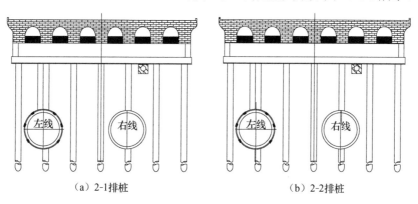
（a）2-1排桩 （b）2-2排桩
图 10.6.8 2-1、2-2 排桩与左线位置关系

1）推进参数情况

切削 2-1 和 2-2 排桩对应的推进参数曲线如图 10.6.9 和图 10.6.10 所示。2-1、2-2 排桩切桩施工盾构总推力保持在 10000～12000kN，盾构推进土压在 0.15～0.18MPa 波动，低速泵推进模式下，推进速度控制在 1mm/min 较为稳定。刀盘扭矩控制范围基本在 2450kN•m 以内，虽然中途 2-1 排桩出现 3000kN•m、2-2 排桩出现 2666kN•m 的高峰值，但通过刀盘前方加水和增加泡沫剂注入量，以及刀盘正反扭转调整等措施后，情况得到明显好转。

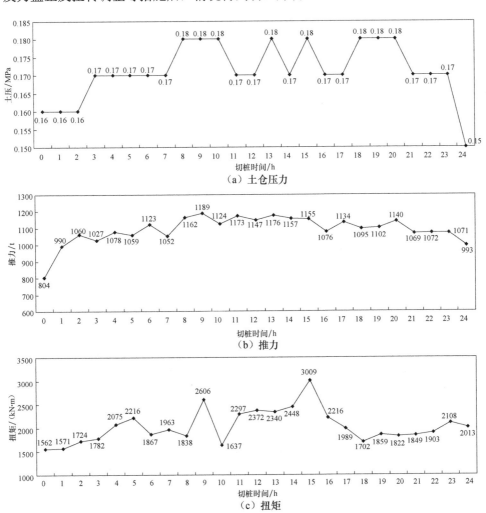

（a）土仓压力

（b）推力

（c）扭矩

图 10.6.9　2-1 排桩推进参数曲线

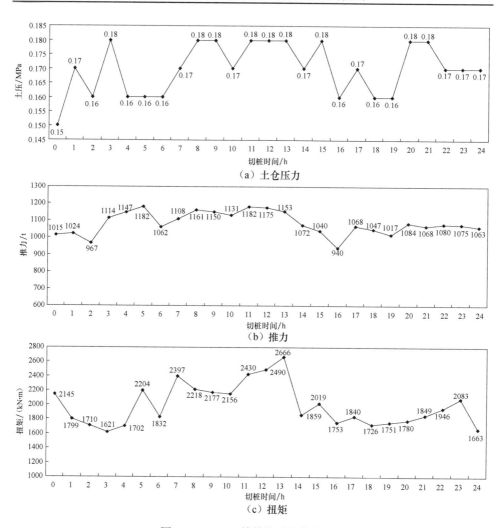

图 10.6.10　2-2 排桩推进参数曲线

2）扭矩整体偏大原因分析

从盾构切桩剖面图来看，刀盘在切削 3-1、3-2 排桩时切削的是每排 2 根桩，而在切削 2-1、2-2 排桩时切削的是每排 1 根桩，刀盘同时切削 2 根桩时的扭转应该大于切削 1 根桩时，但通过分析切桩扭矩变化可以看出，切削 2-1、2-2 排桩时扭矩值并不比切削 3-1、3-2 排桩时要小，而且在切削 2-2 排桩时扭矩值基本上都在 1700 kN·m 以上，出现这种现象的原因可能有两个：①刀盘上已经缠绕了部分残余钢筋，不能及时脱离，增大了刀盘表面的摩阻力；②盾构在通过 3# 桥台后已切削了 4 根桩，刀盘、刀具出现了损坏，切削刀具不再锋利，影响整体效果。具体原因尚需盾构进洞后对刀盘进行检查后才能得知。

10.6.3　切削 1#桥墩 1-1 排桩施工情况

广济桥 1#桥墩下有一排桩，对应隧道环号为 510 环和 511 环，在此处盾构需切削穿越一根直径 1200mm 的钢筋混凝土钻孔灌注桩。1#桥墩与左线位置关系如图 10.6.11 所示。

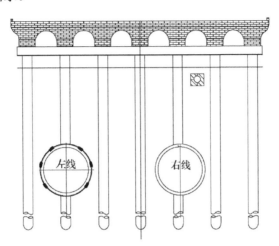

图 10.6.11　1#桥墩与左线位置关系

1）推进参数情况

切削 1-1 排桩对应的推进参数曲线如图 10.6.12 所示。1-1 排桩切桩施工盾构总推力保持在 10000～13000kN，比前面切削直径 1000mm 桩时要大 1000kN。盾构推进土压在 0.15～0.18MPa 波动，低速泵推进模式下，推进速度依旧控制在 1mm/min 较为稳定。刀盘扭矩控制在 2500kN·m 以下，而且变化波动较小，整体趋势平稳，相对 2-1、2-2 排桩平均扭矩值要小。

2）扭矩值好转原因分析

通过分析 2-2、1-1 排桩切桩扭矩变化图可以看出，盾构机切完 2-2 排桩后再切 1-1 排桩时扭矩值得到较好控制，原因有两方面：①切完 2-2 排桩后，距 1-1

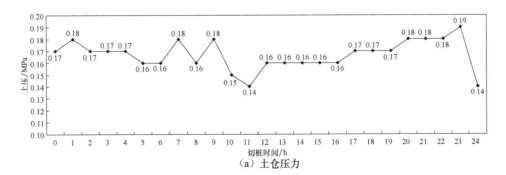

（a）土仓压力

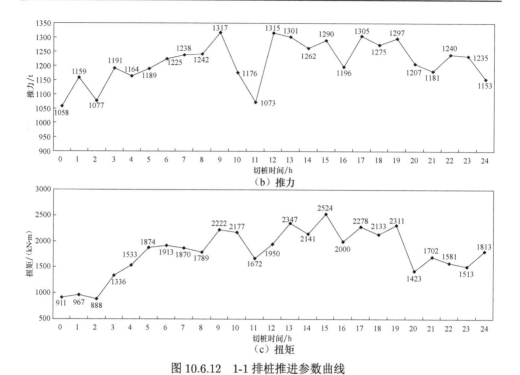

图 10.6.12　1-1 排桩推进参数曲线

排桩有 7 环的正常掘进段，刀盘上缠绕的部分钢筋脱离刀盘进入土仓后排出；②合理地调整刀盘转向，以及通过前方注水和增加泡沫剂注入量在磨桩过程中起到较大作用。

10.7　右线切削 7 排 7 根大直径桩基的实施过程与效果

右线穿桩延续了左线施工中成功的技术经验，继续采取手动排土方式加强土压控制，考虑到左线穿桩时已对地层进行扰动，右线穿越过程中适当提高目标土仓压力为 0.17MPa，并由专人负责计量盾构机每掘进一环的排土量，严防超挖超排现象的发生。设定盾构机推速为 1mm/min，刀盘转速为 0.8r/min。刀盘转向的调整根据尽量减少刀盘转向改变次数的原则，必要时改变刀盘转向，以满足控制盾构回转角的需要。

10.7.1　切削 3# 桥台 3-3、3-4 排桩施工情况

广济桥 3# 桥台下两排桩，对应右线隧道环号为 493～497 环，其中，493 环和 494 环切削 3-3 排桩，496 环和 497 环切削 3-4 排桩，每排切削一根直径 1000mm 的钢筋混凝土钻孔灌注桩。3-3、3-4 排桩与右线位置关系如图 10.7.1 所示。

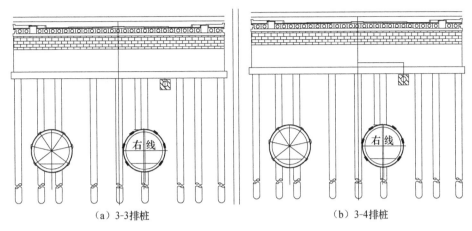

（a）3-3 排桩　　　　　　　　　　　（b）3-4 排桩

图 10.7.1　3-3、3-4 排桩与右线位置关系

1）推进参数分析

切削 3-3 和 3-4 排桩对应的推进参数曲线如图 10.7.2 和图 10.7.3 所示。3-3、3-4 排桩切桩施工盾构总推力保持在 12000～15000kN，相比左线施工时要大，因右线施工土压力设定为 0.17MPa，比左线施工的 0.16MPa 相对较大。盾构刀盘靠上桩体后转为低速泵推进模式，推进速度控制在 1mm/min 较为稳定。3-3 排桩切削施工过程中，当刀盘切入桩体 20cm 后，扭矩增大至 2500～3000kN·m，个别情况会达到 3200kN·m 以上。由于机器疲劳作业，刀盘主驱动油温过高，支撑内周的温度更是高达 60℃，致使机器过温保护而停机。因此，在施工过程中采取各种降温措施，在后半桩体切削过程中情况得到好转。3-4 排桩切削时扭矩较低，情况较好。

2）盾构机内部的降温措施

为保障盾构切桩施工的连续性，防止油温过高现象再次发生，在盾构机内部采取以下两项措施进行降温：①加强隧道内及盾构机头部分的通风，施工中把隧道通风管直接接到刀盘电机部位，让设备表面热量能够顺利带离前盾部位，另外在双梁走道上架设小风机，加大盾构机头部位的空气流动速度；②在驱动马达处的小平台上搁置加入冰块的水桶进行吸热，并定时加入冰块，加快降温速度。

3）高温天气同步浆液质量控制

盾构机进入切桩模式后，每小时推进仅 6cm，推进 1 环需要 20h 以上，而同步注浆量设定为 4.0m³，如果一次拌制完，便使浆液长时间滞留在浆箱里。现场试验发现，"准厚浆"作为同步注浆浆液，硬化速度与环境温度成正比，当浆液滞留 24h 后，坍落度由原来 25cm 变为 13～14cm，必然会引起堵管现象，因此需要采取以下措施来保证浆液质量。

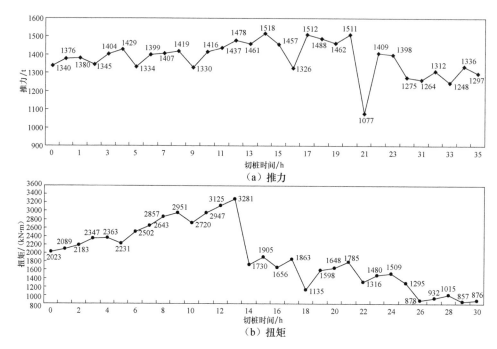

（a）推力

（b）扭矩

图 10.7.2　3-3 排桩推进参数曲线

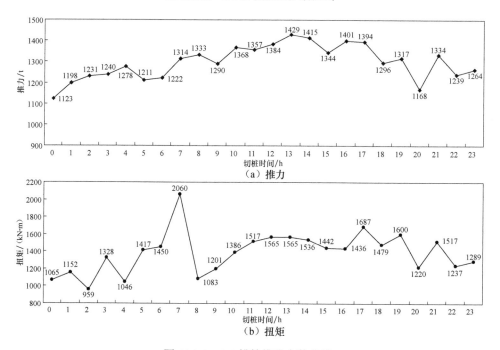

（a）推力

（b）扭矩

图 10.7.3　3-4 排桩推进参数曲线

（1）拌浆温度控制，在拌浆水箱中加入冰块，水温控制在 5～10℃，对拌制好的浆液在使用前进行测温，保持浆液低温以防膨胀后堵管。

（2）分次拌浆，每次拌制 1.5m³，按需供浆，浆液停留在浆箱内不超过半天。

（3）浆液稠度适当降低，以不堵管为原则，并加强管路清洗。

10.7.2　切削 2#桥墩 2-3、2-4 排桩施工情况

广济桥 2#桥墩存在两排桩，对应隧道环号为 508～510 环，每排均切削一根直径 1000mm 的钢筋混凝土钻孔灌注桩。2-3、2-4 排桩与右线位置关系图如图 10.7.4 所示。

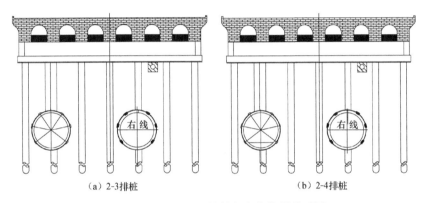

　（a）2-3排桩　　　　　　　　　　　　　　　（b）2-4排桩

图 10.7.4　2-3、2-4 排桩与右线位置关系图

切削 2-3 和 2-4 排桩对应的推进参数曲线如图 10.7.5 和图 10.7.6 所示。2-3、2-4 排桩切桩施工盾构总推力保持在 10000～14000kN，盾构推进土压保持在 0.15～0.18MPa，低速泵推进模式下，推进速度控制在 1mm/min 较为稳定。刀盘扭矩控制在 2450kN·m 以内，可见采取了降温措施后，盾构机切削桩体各项参数都比较正常稳定。

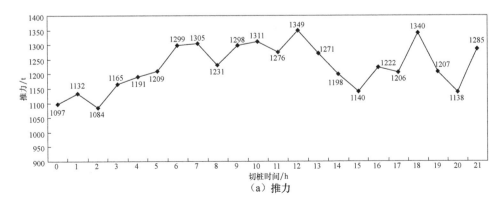

（a）推力

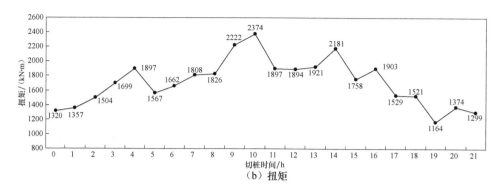

（b）扭矩

图 10.7.5 2-3 排桩推进参数曲线

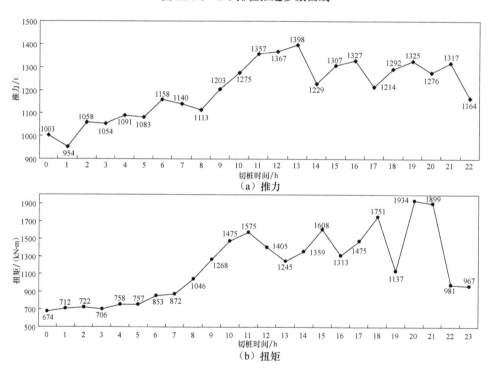

（a）推力

（b）扭矩

图 10.7.6 2-4 排桩推进参数曲线

10.7.3 切削 1#桥墩 1-2 排桩施工情况

广济桥 1#桥墩下存在一排桩，对应隧道环号为 518 环，此处盾构机须切削穿越一根直径 1200mm 的钢筋混凝土钻孔灌注桩。1-2 排桩与右线位置关系如图 10.7.7 所示。

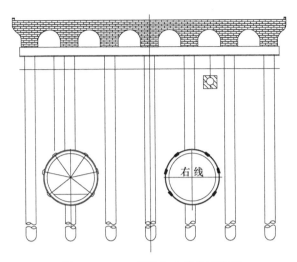

图 10.7.7　1-2 排桩与右线位置关系

切削 1-2 排桩对应的推进参数曲线如图 10.7.8 所示。1-2 排桩切桩施工盾构总推力保持在 11000~145000kN，比切削直径 1000mm 桩相对要大。盾构推进土压保持在 0.15~0.18MPa，低速泵推进模式下，推进速度依旧控制在 1mm/min

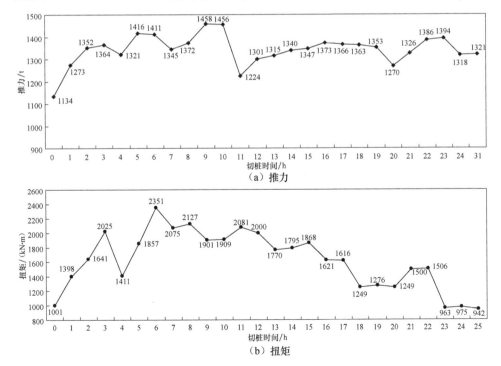

图 10.7.8　1-2 排桩推进参数曲线

较为稳定。刀盘扭矩控制在 2350kN•m 以下，而且变化波动较小，整体趋势平稳，盾构机切削桩体各项参数都比较正常稳定。

10.7.4　切削 0#桥台 0-1、0-2 排桩施工情况

广济桥 0#桥台下存在两排桩，对应隧道环号为 529～533 环，此处盾构机须切削穿越两根直径 1000mm 的钢筋混凝土钻孔灌注桩。0-1、0-2 排桩与右线位置关系如图 10.7.9 所示。

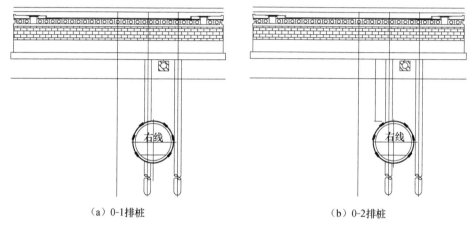

（a）0-1 排桩　　　　　　　　　　　　　（b）0-2 排桩

图 10.7.9　0-1、0-2 排桩与右线位置关系图

切削 0-1 和 0-2 排桩对应的推进参数曲线如图 10.7.10 和图 10.7.11 所示。0-1、0-2 排桩切桩施工盾构总推力保持在 11000～15000kN，比切削直径 1000mm 桩时大 1000kN。盾构推进土压保持在 0.15～0.18MPa，低速泵推进模式下，推进速度依旧控制在 1mm/min 较为稳定。刀盘扭矩控制在 2100kN•m 以下，而且变化波动较小，整体趋势平稳，盾构机切削桩体各项参数都比较正常稳定。

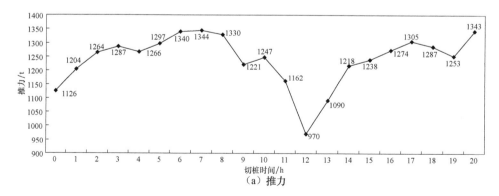

（a）推力

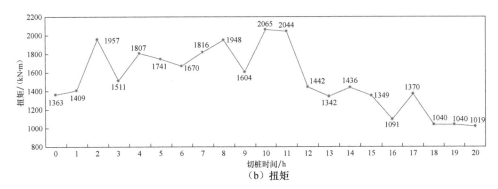

（b）扭矩

图 10.7.10　0-1 排桩推进参数曲线

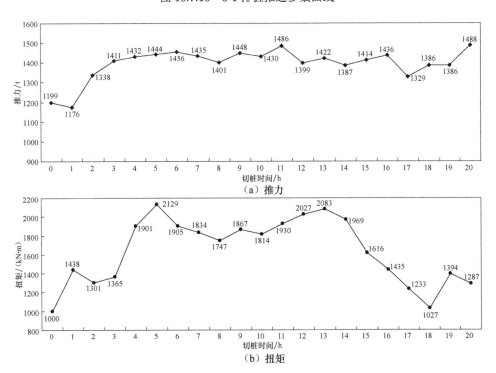

（a）推力

（b）扭矩

图 10.7.11　0-2 排桩推进参数曲线

第 11 章　盾构切削大直径群桩的实测分析

11.1　钢筋收集与切筋效果分析

11.1.1　受切钢筋和混凝土的理论量

左线盾构穿桩时,所切削的前 6 根桩基为直径 1.0m 的圆桩、主筋直径 20mm,所切第 7 根桩基为直径 1.2m 的圆桩、主筋直径 22mm。根据 7 根桥桩与盾构断面的相对位置关系,统计了左线盾构所需切削钢筋和混凝土的理论量,如表 11.1.1 所示,左线切桩总共需切削 831.4m 长的钢筋,钢筋总重 2118.9kg,切削桩基混凝土的总量是 36.2m³,切削第一排桩基时同时切削两根桩基,最大切桩面积为 11.15m²,对应切削面积比为 36.3%。

表 11.1.1　左线盾构所需切削钢筋和混凝土的理论量

项目	第一排	第二排	第三排	第四排	第五排	累计
钢筋长度/m	227.62	225.78	125.58	125.58	126.8	831.36
钢筋重量/kg	562.22	557.68	310.18	310.18	378.66	2118.92
混凝土量/ m³	8.93	8.86	4.93	4.93	7.57	35.22
最大切削面/ m²	11.15	11.05	6.20	6.20	8.23	—
切削面积比/%	36.3	35.0	19.6	19.6	25.9	—

注:切削面积比为切桩面积与盾构刀盘全圆面积的比值。

11.1.2　钢筋收集方式与排出量统计

收集的钢筋主要源于以下三种:被螺旋机口卡住的钢筋、排送至渣土坑中的钢筋、刀盘出洞后缠绕在刀盘上的钢筋。

如图 11.1.1 所示,螺旋机闸口存在供闸门上下活动的卡槽,因此较长钢筋容易在螺旋机口处被卡住,随着切桩持续进行,被卡住的长钢筋背后还易堆积混凝土大块和短钢筋,进而导致排土困难,故每隔一段时间需要人工清除卡在螺旋机口的钢筋和混凝土块。

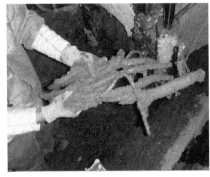

图 11.1.1　通过螺旋机口收集被卡住的钢筋

切桩产生的较短钢筋能够顺畅通过螺旋机排出，进而被运输排送到渣土坑内。为准确统计切桩产生的钢筋数量、长度及长短比例，对渣土坑里的短钢筋和混凝土块也进行了收集，如图 11.1.2 所示。

图 11.1.2　在渣土坑里收集短钢筋和混凝土块

刀盘出洞后，经检查发现，刀盘表面缠绕了大量长钢筋，对该部分钢筋也进行了收集和统计。如图 11.1.3 所示，大量较长的钢筋缠绕在刀盘辐条和刀具之间，钢筋的两端伸入辐条与辐条之间的间隙里面。

图 11.1.3　刀盘上缠绕的钢筋

以左线切桩为例，根据刀盘与桩基的相对位置关系，切削 7 根桩应切断 831.4m 长的钢筋，但经收集和统计，如表 11.1.2 所示，能排出到渣土坑中以及排出但卡在螺旋机口的钢筋，共计长 78.3m，仅占 9.4%，比例较小；刀盘上缠绕的钢筋，共计长 66.9m，占 8.0%；可见，绝大部分钢筋仍在土层中并未排出。

表 11.1.2　左线切桩钢筋排出量统计

项目	螺旋口排出量	刀盘缠绕量	未排出量	钢筋总量
总长度/m	78.3	66.9	686.2	831.4
比例/%	9.42	8.05	82.53	100

11.1.3　钢筋长度统计分析

图 11.1.4 为收集到的从螺旋输送机中排出的钢筋，包括螺旋口卡住的钢筋以及渣土坑中的钢筋等，总共有 127 根，累计长度为 78.3m。

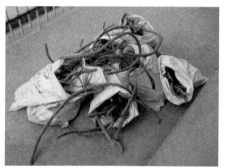

图 11.1.4　从螺旋输送机中排出的所有钢筋

考虑到超前贝壳刀的刀间距为 64cm，副超前贝壳刀的刀间距为 48cm，在对钢筋长度进行分类统计时，分为小于 48cm、48～64cm、64～100cm、大于 100cm 四组，如图 11.1.5 所示，统计结果如表 11.1.3 所示。

（a）钢筋长度小于48cm　　　　　　　　　　（b）钢筋长度为48~64cm

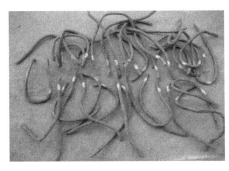 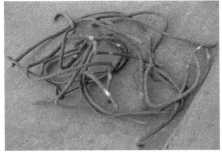

（c）钢筋长度为64~100cm　　　　　　　（d）钢筋长度大于100cm

图 11.1.5 从螺旋口排出的钢筋长度分类

表 11.1.3 盾构机刀盘改造后切削钢筋长度对比

统计		< 48cm	48~64cm	64~100cm	>100cm	累计
根数	数量/根	36	35	44	12	127
	比例/%	28.35	27.56	34.64	9.45	100
长度	数量/m	1170	1905	3336	1415	7826
	比例/%	14.950	24.342	42.627	18.081	100

从表 11.1.3 可以看出，无论根数上还是长度上，左线切桩产生的短钢筋都比切桩试验时增多，证明采用超前贝壳刀方案取得了预期的切削效果。

11.1.4 钢筋形态统计分析

为了有利于钢筋条和混凝土碎块的排出，本次切桩改用无轴带式螺旋输送机，如图 11.1.6 所示。经量测，无轴带式螺旋机内筒的直径为 67cm，螺旋环的间距为 60cm。

（a）螺旋机整体

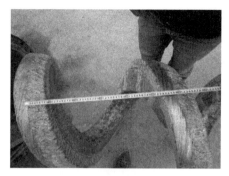

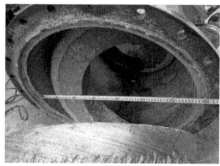

（b）螺旋环间距　　　　　　　　　　　　（c）内筒直径

图 11.1.6　无轴带式螺旋机尺寸

对所有较长钢筋的弯曲直径进行量测，如图 11.1.7 所示，经过刀盘切削、刀盘缠绕和螺旋机搅拌的多重影响后，钢筋的形态各异，从螺旋输送机排出的钢筋的最长弯曲直径为 69cm，基本上与螺旋机内筒直径（67cm）一致。

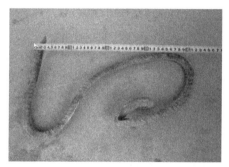

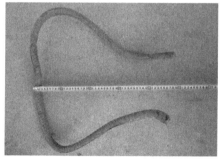

（a）弯曲直径43cm　　　　　　　　　　　（b）弯曲直径49cm

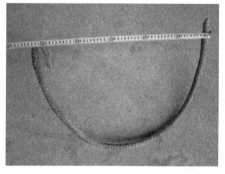

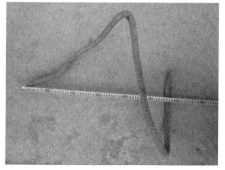

（c）弯曲直径53cm　　　　　　　　　　　（d）弯曲直径57cm

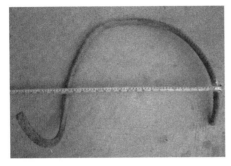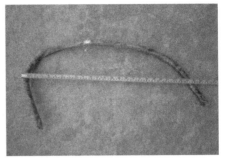

（e）弯曲直径68cm　　　　　　　　　　（f）弯曲直径69cm

图 11.1.7 各式各样的钢筋形态及弯曲直径

11.2 刀具损伤分析与磨损系数回归

11.2.1 各类刀具损伤现象

盾构穿越广济桥群桩施工中，所有刀具未出现整体从刀盘上断裂的现象；大贝壳刀合金损伤形式主要以两侧合金块崩裂或脱落为主，中间三块合金磨损较大，部分合金表面有少量合金块崩落产生缺口；部分大贝壳刀偏磨现象较为严重。外围大贝壳刀的合金损伤及磨损情况如图 11.2.1 所示。

左线穿桩结束后，中心鱼尾刀上的小贝壳刀合金损伤最为严重，刀头上合金块几乎损伤殆尽，如图 11.2.2 所示。盾构机到达石路车站时，中心刀区域结了一层厚厚的泥饼，将所有中心小贝壳刀包裹其中。

羊角先行刀受到大贝壳刀的保护作用，几乎没有产生磨损，部分刀具的合金块受到钢筋或混凝土块的冲击后出现崩裂损伤，刀具照片如图 11.2.3 所示。

刮刀在剥离钢筋及混凝土的过程中，刀头合金出现一定程度崩裂，刀具磨损量较小，典型刮刀损伤情况如图 11.2.4 所示。

图 11.2.1　外围大贝壳刀合金损伤

图 11.2.2　中心小贝壳刀合金损伤

图 11.2.3　羊角先行刀合金损伤

图 11.2.4　典型刮刀合金损伤

11.2.2　刀具磨损量统计及其规律

表 11.2.1 为主要切桩刀具左右线盾构穿桩后的损伤情况统计。同样是切削 7 根桩且相同的刀盘、刀具配置及掘进措施，右线刀具的合金损伤数和正常磨损量均显著小于左线，其重要原因在于，左线 7 根桩中有 4 根为侧部桩，而右线 7 根桩均为中部桩，这再次证明切削侧部桩对刀具的损伤要严重于中部桩。

表 11.2.1　左右线刀具磨损量统计

	项目	超前贝壳刀	正面大贝壳刀	边缘大贝壳刀	羊角先行刀
左线	合金损伤/块	10	55	12	10
	最大磨损量/mm	46.1	21.5	33.9	几乎为零
右线	合金损伤/块	3	7	3	0
	最大磨损量/mm	11.0	9.9	8.0	几乎为零

经统计分析，左线切桩工程的刀具磨损量存在如下三点规律：

（1）合金损伤越严重的，刀具磨损量越大。双侧合金损伤的刀具平均磨损量为 16.1mm，单侧合金损伤的刀具平均磨损量为 7.71mm，而合金完好的刀具平均磨损量为 6.42mm。

（2）超前贝壳刀的磨损量要大于其他刀具。垫高 65mm 的超前贝壳刀平均磨损量为 16.81mm（含有切桩之外的其他影响因素，见 11.2.3 节），垫高 30mm 的副超前贝壳刀平均磨损量为 9.17mm，而正面大贝壳刀平均磨损量为 8.99mm。

（3）距离超前贝壳刀较近的正面大贝壳刀，其磨损量较小。与副超前贝壳刀直接相邻的正面贝壳刀平均磨损量为 4.76mm，与副超前贝壳刀间隔一个切削轨迹的正面贝壳刀平均磨损量为 9.64mm，其他正面大贝壳刀平均磨损量为 11.94mm。

11.2.3　超前贝壳刀磨损系数

超前贝壳刀在刀盘上共布置有 3 个切削轨迹，每个轨迹 2 把刀具，表 11.2.2 对左右线超前贝壳刀的损伤情况进行了统计。

表 11.2.2　左、右线超前贝壳刀磨损量

切削半径	1262.6mm		1902.6mm		2542.6mm	
左线磨损量/mm	4.7	6.7	5.6	10.2	27.6	46.1
右线磨损量/mm	5.6	11.0	5.8	7.8	8.1	6.5

左线刀盘 $r=2542.6$mm 超前贝壳刀的刀具磨损量明显高于其他轨迹（见图 11.2.5），其原因为，在左线刀盘进洞中，由于测量上存在误差，致使超前贝壳刀、边缘大贝壳刀以及中心小贝壳刀切削到地下连续墙洞门中的钢板和 ϕ32 钢筋，如图 11.2.6 所示。因此，在对超前贝壳刀的刀具磨损量进行回归统计时，未放入左线该切削轨迹超前贝壳刀的磨损数据，经回归统计，可得超前贝壳刀的磨损系数为 0.65mm/km。

（a）r=1262.6mm　　　　　　　　　　（b）r=1902.6mm

（c）r=2542.6mm

图 11.2.5　左线超前贝壳刀磨损量

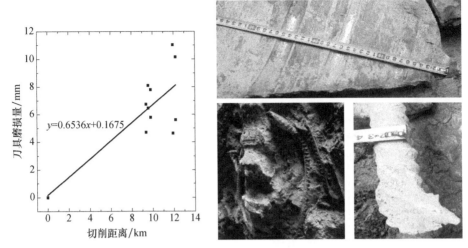

图 11.2.6　超前贝壳刀磨损系数回归

11.2.4　正面大贝壳刀磨损系数

左、右线各切削轨迹上的刀具磨损量如图 11.2.7 所示,右线各切削轨迹切桩长度相差不大,因此数据点较为集中,不利于回归统计。左线正面大贝壳刀的回归磨损系数为 0.77mm/km,该磨损系数大于超前贝壳刀,可能是因为左线超前贝壳刀最靠外切削轨迹的磨损量数据被剔除掉,造成超前贝壳刀回归磨损系数偏小。

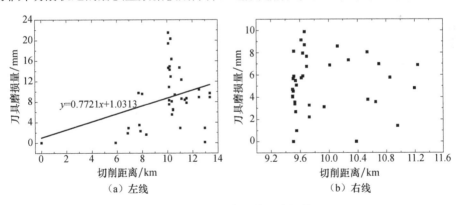

图 11.2.7　正面大贝壳刀磨损量

11.3　切桩推力扭矩的变化规律及影响因素

11.3.1　切桩过程中推力变化规律

以左线盾构穿越广济桥 7 根桥桩为例,根据盾构机自身记录的推力数据绘制盾构穿越五排桥桩的推力变化曲线，分别如图 11.3.1～图 11.3.5 所示。结合影响盾构推力变化的施工技术措施，如刀盘前注入水或泡沫剂、停机、调整刀盘转向等，对切桩过程中盾构推力的变化规律进行研究。

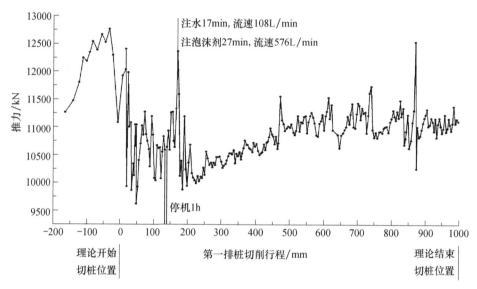

图 11.3.1 盾构切削穿越第一排桥桩推力变化曲线

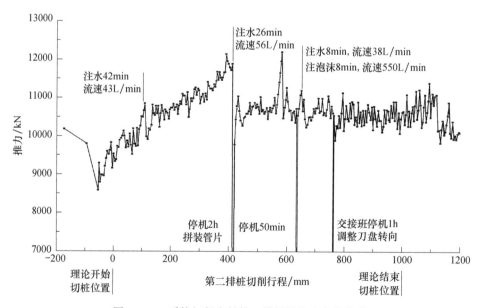

图 11.3.2 盾构切削穿越第二排桥桩推力变化曲线

切削穿越第一排桥桩始于 2011 年 12 月 13 日 8:46，结束于 14 日 3:23，共计历时约 18.5h。其中，拼装管片时停机 1h，刀盘转向保持为右回转。整个切桩过程中推力最大值为 12540kN，平均值为 10848.9kN，推力变化曲线如图 11.3.1 所示。

切削穿越第二排桥桩始于 2011 年 12 月 14 日 14:56，结束于 15 日 12:12，共计历时约 21.3h。其中，停机三次共计 3.8h，刀盘转向前中期为右回转，穿桩末期改为左回转。整个切桩过程中推力最大值为 12190kN，平均值为 10883.4kN，推力变化曲线如图 11.3.2 所示。

切削穿越第三排桥桩始于 2011 年 12 月 16 日 16:55，结束于 17 日 17:24，共计历时约 25.5h，其中停机两次共计 3.5h，刀盘转向保持右回转。整个切桩过程中推力最大值为 12030kN，平均值为 10943.4kN，推力变化曲线如图 11.3.3 所示。

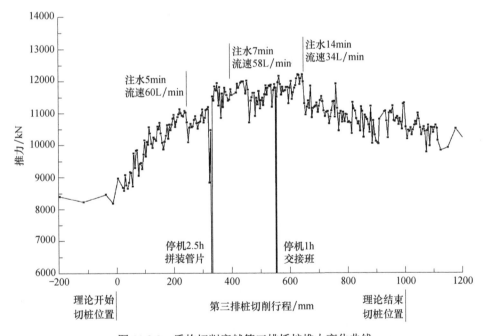

图 11.3.3　盾构切削穿越第三排桥桩推力变化曲线

切削穿越第四排桥桩始于 2011 年 12 月 18 日 1:45，结束于 18 日 23:03，共计历时约 21.5h。其中，停机两次共计 3h，刀盘转向保持右回转。整个切桩过程中推力最大值为 12160kN，平均值为 10957kN，推力变化曲线如图 11.3.4 所示。

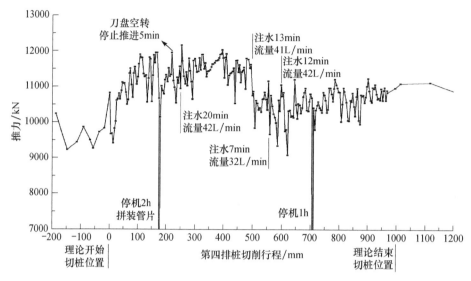

图 11.3.4　盾构切削穿越第四排桥桩推力变化曲线

切削穿越第五排桥桩始于 2011 年 12 月 20 日 10:36，结束于 21 日 16:18。共计历时 30.3h。其中，停机两次共计 4h。穿桩前中期刀盘转向保持右回转，穿桩末期改变刀盘转向为左回转。整个过程中推力最大值为 13380kN，平均值为 12209kN，推力变化曲线如图 11.3.5 所示。

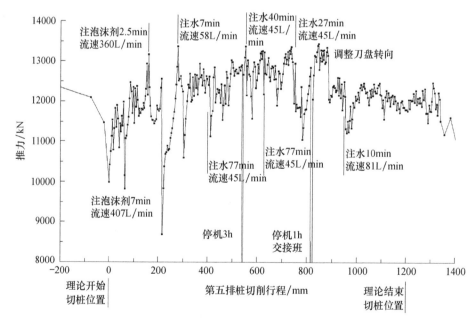

图 11.3.5　盾构切削穿越第五排桥桩推力变化曲线

通过分析左线盾构穿越五排桥桩的推力变化曲线，可以得出盾构切削穿越圆截面桩基的推力变化规律如下：

（1）盾构开始切桩后推力总体上先升后降，主要因为桩基为圆柱形，前半部分桩基的受切截面由小变大，后半部分则由大变小。在地层土压力不变的情况下，桩基的受切截面积越大，切桩对应的推进阻力越大，盾构推力也就越大。

（2）切桩初期的盾构推力与切桩末期相比，并非因桩截面前后对称关系而相等，而是切桩末期的推力平均值比切桩初期的推力平均值大 1000～2000kN。是由于盾构切桩推速缓慢，且为了保压而采用手动出土、"挤牙膏"的方式排土，因此完成一排桩的切削任务后，大量的钢筋及混凝土块滞留在土仓和螺旋输送机内，造成盾构排土困难的同时增大了盾构推进阻力。

（3）注入泡沫剂短期内会引起盾构推力增大。泡沫混合剂中大量气体快速注入刀盘前方，短时间内迅速增大了土仓压力及前方阻力，因此，盾构推力随之增大直到压力逐渐消散至正常水平。

（4）当盾构推力较大时，注水可有效降低推力值。向刀盘前方注水使渣土变稀，一定程度上改善了由于混凝土块及钢筋滞留土仓内导致的渣土和易性差的状况，有利于土仓内渣土的顺利排出，可减小盾构推力。

11.3.2　切桩过程中扭矩变化规律

与盾构机推力变化分析相类似，盾构机切桩过程中扭矩变化规律研究结合左线盾构穿越广济桥 7 根桥桩工程，通过分析现场记录盾构参数及影响盾构扭矩的施工技术措施，如盾构机注水、注泡沫剂、停机、调整刀盘转向等，根据盾构机实际自身记录的扭矩变化情况，绘制盾构机穿越五排桥桩过程中扭矩变化曲线，分别如图 11.3.6～图 11.3.10 所示。

切削穿越第一排桥桩时，为降低刀盘扭矩而向刀盘前方注水 4 次，共计 2017L；注泡沫添加剂 10 次，共计 27069L。拼装管片停机 1h。整个过程中盾构机刀盘转向保持为右回转。扭矩最大值为 2531kN·m，平均值为 1824.82kN·m。盾构刀盘扭矩变化曲线如图 11.3.6 所示。

盾构切削穿越第二排桥桩时，为降低刀盘扭矩而向刀盘前方注水 22 次，共计 7243L；注泡沫添加剂 17 次，共计 24610L。停机三次，共计 3h 50min。刀盘转向前中期保持为右回转，穿桩末期改变刀盘转向为左回转。扭矩最大值为 3270kN·m，平均值为 1932.12kN·m。盾构刀盘扭矩变化曲线如图 11.3.7 所示。

盾构切削穿越第三排桥桩时，为降低刀盘扭矩而向刀盘前方注水 26 次，共计 6792L；未注入泡沫添加剂。其中停机两次，共计 3.5h。整个过程中盾构刀盘转向保持为右回转。扭矩最大值为 3222kN·m，平均值为 1964.75kN·m。盾构刀盘扭矩变化曲线如图 11.3.8 所示。

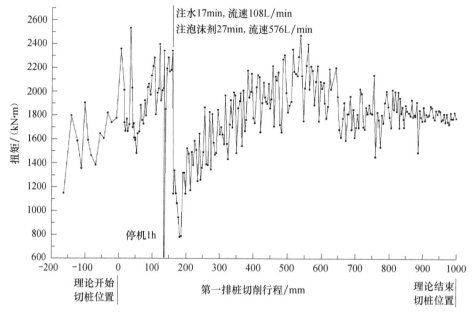

图 11.3.6　盾构切削穿越第一排桥桩刀盘扭矩变化曲线

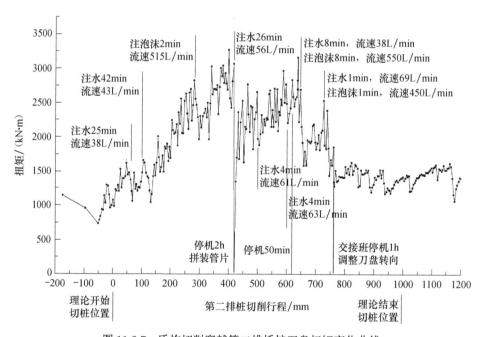

图 11.3.7　盾构切削穿越第二排桥桩刀盘扭矩变化曲线

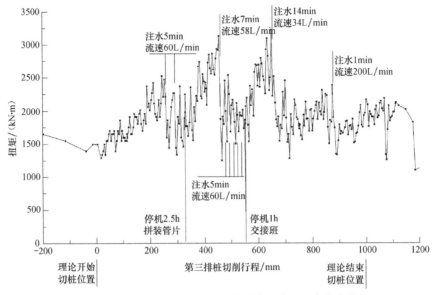

图 11.3.8　盾构切削穿越第三排桥桩刀盘扭矩变化曲线

盾构切削穿越第四排桥桩时，为降低刀盘扭矩而向刀盘前方注水 16 次，共计 7323L；未注入注泡沫添加剂。其中停机两次，共计 3h。整个过程中盾构刀盘转向保持为右回转。扭矩最大值为 2768kN·m，扭矩平均值为 1936.25kN·m。盾构刀盘扭矩变化曲线如图 11.3.9 所示。

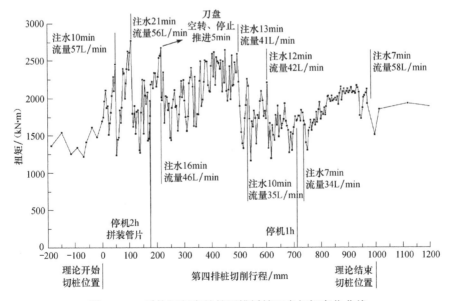

图 11.3.9　盾构切削穿越第四排桥桩刀盘扭矩变化曲线

盾构切削穿越第五排桥桩时，为降低刀盘扭矩而向刀盘前方注水 40 次，共计 21358L；注泡沫添加剂 11 次，共计 7706L。其中停机两次，共计 4h。刀盘转向前中期保持为右回转，穿桩末期改变刀盘转向为左回转。扭矩最大值为 2936kN·m，平均值为 1742.96kN·m。盾构刀盘扭矩变化曲线如图 11.3.10 所示。

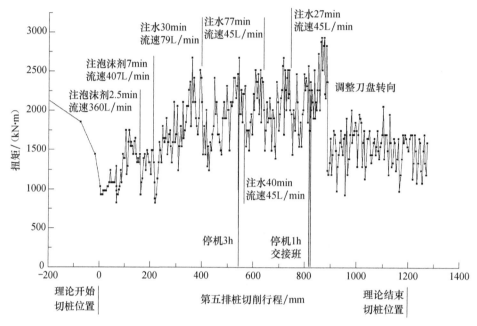

图 11.3.10　盾构切削穿越第五排桥桩刀盘扭矩变化曲线

通过分析盾构左线穿越五排桥桩的扭矩变化曲线，可得出盾构机切削穿越圆形截面桩基础的扭矩变化规律如下：

（1）盾构切桩时扭矩大小呈现出先升后降的趋势。与盾构切桩推力变化相似，扭矩的这种变化规律主要由桩体形状导致，前半部分桩的受切截面由小变大，后半部分再由大变小。盾构机扭矩由刀盘磨削桩体阻力和搅拌土体产生阻力共同组成，在搅拌土体产生的阻力不变的情况下，桩的受切截面积越大，桩体产生的磨削阻力也越大。

（2）注水、注泡沫添加剂可有效降低扭矩值。从盾构机切削穿越五排桥桩的扭矩变化情况来看，盾构机扭矩相比于盾构机推力更容易受到刀盘注水、注泡沫添加剂以及停机的影响。从水文地质条件上看，盾构区间隧道穿越桥桩段土层上半断面为④$_2$粉砂层，下半断面为⑤$_1$粉质黏土层。由于土压平衡盾构机在砂性土层掘进时常面临刀盘扭矩过大等难题，向盾构机刀盘前方注水、注泡沫添加剂有利于改良渣土的性质，且在一定程度上改善了混凝土块及钢筋滞留土仓内导致的渣土和易性差的不利状况，有利于盾构机扭矩值的快速降低。

11.3.3　刀盘前注入添加剂对推力扭矩的影响

1）注水、注泡沫添加剂对盾构扭矩的影响

由上面分析可知，盾构区间隧道穿越桥桩段土层上半断面为④$_2$粉砂层，下半断面为⑤$_1$粉质黏土层。土压平衡盾构机在砂性土层掘进时常面临刀盘扭矩过大等难题。盾构切削穿越第二排桥桩时，出现了盾构刀盘扭矩持续增大的问题，通过采取刀盘前方注水、注泡沫添加剂、停机以及改变刀盘转向等调控刀盘扭矩的技术措施，有效地降低了刀盘扭矩，从而顺利地完成了第二排桥桩的切削任务。

对比刀盘前方注水与注泡沫添加剂对刀盘扭矩影响的异同，如图 11.3.11 和图 11.3.12 所示，发现以下几点规律：

（1）通过向刀盘前方注水、注泡沫添加剂的方式均可在一段时间内有效降低盾构机刀盘扭矩。

（2）向刀盘前方注水而使刀盘扭矩降低的主要原因是通过注水的方式使原本混有混凝土块的半砂半土质的渣土变稀。如图 11.3.11 所示，由于流速相对较小（通常 60L/min），注水对刀盘扭矩的影响相对迟缓，一般在开始注水 2～3min 后扭矩开始降低。但影响时间相对较长，随着盾构机向前掘进，刀盘扭矩值再次回升到注水前大小需 10min 左右。

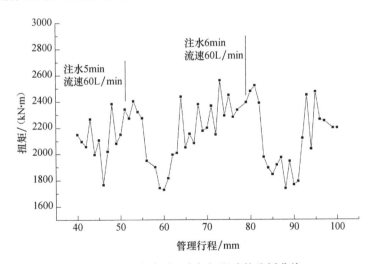

图 11.3.11　注水对刀盘扭矩影响的分析曲线

（3）相比于刀盘前方注水，通过注泡沫添加剂使刀盘扭矩降低的方式有反应时间快、作用时间较短的特点。如图 11.3.12 所示，注入泡沫添加剂压力较大，流速通常会达到 500L/min，刀盘扭矩在注入泡沫剂后短时间内迅速降低。泡沫添加剂的持续影响时间较短，停止注入泡沫添加剂 3～5min 后，刀盘扭矩值将回升到注入泡沫添加剂之前的水平。

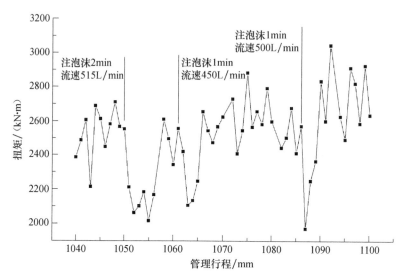

图 11.3.12　注泡沫添加剂对刀盘扭矩影响的分析曲线

对比注水、注泡沫添加剂影响刀盘扭矩的异同点，并考虑到注水可同时降低土仓内温度以及泡沫添加剂的经济成本较高，建议在渣土较干或流塑性较好的情况下，首先选择注水的方式降低刀盘扭矩。

2）注泡沫添加剂对盾构推力的影响

盾构机推力变化与刀盘前方注入泡沫添加剂流量大小关系如图 11.3.13 所示。首先，开始注入泡沫添加剂 10min 内，即盾构机掘进 481 环管理行程至 356.366mm，泡沫添加剂以平均 600L/min 的流速注入刀盘前方，由于泡沫添加剂中气体体积占总体积的 90%以上，大量气体快速注入掌子面附近，在短期内迅速增大了土仓压力及前方阻力，导致盾构机推力持续增加，由原来的 1050t 逐渐增加到 1200t。注入泡沫添加剂 10min 后，随着掌子面附近气体在地层压力作用下经过孔隙通道慢慢消散，以及泡沫添加剂流速的逐渐降低，盾构机推力开始缓慢下降直至达到原有的平衡状态。

因此，向刀盘前方注泡沫添加剂的方式可有效降低盾构机刀盘扭矩，但在短时期内将增大盾构机推力，当盾构刀盘扭矩较大而推力相对较小时可采取注入泡沫添加剂的方式进行渣土改良，当盾构机推力和扭矩均较大时，不宜采取注入泡沫添加剂的方式。

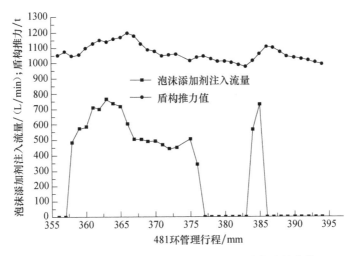

图 11.3.13　注泡沫添加剂对盾构推力影响的分析曲线

11.3.4　刀盘正反转对推力扭矩的影响

本工程中，为了使盾构机刀盘对桥桩的切削分力是向上的顶推力，而非向下的拉拽力，盾构机刀盘在切桩的绝大部分时段为右回转推进，切削第二排桥桩、第五排桥桩末段时，为了降低盾构机扭矩，调整盾构机回转角改变刀盘转向为左回转。通过对比分析两次调整刀盘转向后盾构机推力和扭矩的变化情况，得出刀盘转向发生改变时对盾构机推力和扭矩影响的一般规律，具体体现在以下几个方面：

（1）切桩初期（切削第一、第二排桥桩时）刀具损伤较小，此时刀具两侧未发生较大偏磨，两侧的切削能力相近，改变刀盘转向对推力的影响很小。然而，在切桩末期（切削第五排桥桩时）改变刀盘转向时，盾构机推力由原来的 13000kN减小为 12000kN，并一直持续到切桩结束，如图 11.3.14 所示。

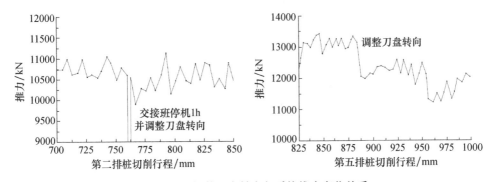

图 11.3.14　调整刀盘转向与盾构推力变化关系

从盾构机进洞后刀盘、刀具损伤情况统计来看，切桩末期刀具的损伤及偏磨现象已经非常严重，刀具左右两侧切削能力相差较大。改变刀盘转向后，刀具以磨损量较小的一侧也是较为锋利的一侧进行切削，可有效降低盾构机推力。

（2）对比盾构切削第二排、第五排桥桩时刀盘调整转向引起的扭矩变化情况，如图11.3.15所示。

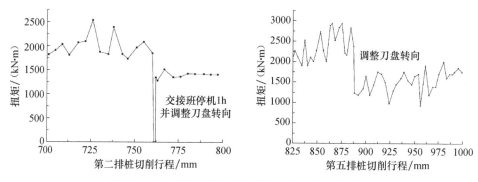

图11.3.15　调整刀盘转向与盾构刀盘扭矩变化关系

可以看出，无论刀盘调整转向前扭矩平均值为2000kN·m还是2500kN·m，调整刀盘转向以后扭矩平均值均降到1500kN·m。说明改变刀盘转向前的差值500~1000kN·m是由刀盘持续单方向旋转造成的，刀盘持续单方向旋转造成扭矩增大的原因有以下几点：

（1）刀盘持续单方向旋转造成的刀具偏磨及单侧损伤，从而加大了刀具切削钢筋混凝土的切向分力 F，由刀盘的旋转扭矩 $M=Fr$ 可知，刀具的偏磨及单侧损伤增大了刀盘扭矩 M。

（2）当刀盘持续单方向旋转时，将会有部分长钢筋缠绕在刀盘上，如图11.3.16所示。缠绕在刀盘上的钢筋一方面增大了刀盘的扰动范围，从而增大了刀盘的旋转扭矩；另一方面影响了刀盘前方土体顺利进入土仓，使刀盘前方土体更加密实，也会导致盾构机刀盘扭矩的增加。由于第五排桥桩单方向旋转时间更长，缠绕在刀盘上方的钢筋数量较多，因此改变刀盘转向后，随着大部分钢筋被"抖落"，扭矩变化也就更大。

（3）从桩体与刀盘接触面受力角度进行分析，当刀盘改变转动方向时，桩体受到的切削分力方向随之发生改变，先前处于刀具切削受压侧的混凝土在刀盘改变转动方向后变为受拉，由于混凝土抗拉强度远小于其抗压强度，很容易在刀具的切削作用下被剥离，因此，在短时间内，刀盘改变转动方向有利于混凝土的切削及刀盘扭矩的降低。

图 11.3.16　钢筋缠绕在刀盘上

综合以上几点分析可以发现，在盾构切桩过程中，当刀盘扭矩较大时，改变刀盘转向是降低刀盘扭矩的有效手段之一。考虑到频繁改变刀盘转向将会加剧刀具的合金损伤，一般不首选改变刀盘转向的方式调节盾构机扭矩。

11.3.5　盾构停机对推力扭矩的影响分析

从减少地层扰动时间和控制桥梁墩台变形的角度来说，盾构切桩期间应尽量减少停机次数和停机时间。然而，由于盾构推进速度非常缓慢，盾构机每切削一排桥桩需连续运转二十几个小时，造成盾构机内部系统温度持续升高，轴承内周最高温度可达 60℃，这对盾构机的正常工作是极为不利的，必要时需采取停机降温的措施以减小对盾构机内部系统的损伤。此外，拼装管片以及工班人员交接班等正常工序也需要盾构机短暂的停机，盾构机每切一排桥桩的停机时间在 1～5h 不等，停机对盾构掘进参数的影响主要体现在：

（1）土仓压力的下降。

（2）在一定时间段内降低了盾构机推力和刀盘扭矩。

分析其原因，可归结为以下几点：

（1）为控制地表沉降，盾构机掘进过程中土仓压力略高于实际地层土压，停机后土压会慢慢散失。

（2）地层中原有气体以及注入泡沫添加剂中含有的大量气体在停机的时段里逐渐散失，也会导致土仓压力的下降。

（3）管片拼装时千斤顶的少量回缩也会产生一定的影响。

（4）关于盾构机推力及扭矩降低的原因，首先是土仓压力的降低，其次是停机过程中地层水渗入刀盘前方及土仓内，使渣土变稀。

11.3.6　刀具损伤对推力扭矩的影响

刀具损伤程度的大小是关系到盾构机能否切削穿越 7 根桥桩的决定性因素。

刀具损伤主要包括刀具磨损以及合金刀头的断裂损伤。刀具损伤程度的增加，将影响到盾构机的主要推进参数——千斤顶推力和刀盘旋转扭矩的变化。由于盾构机刀盘扭矩受到注水、注泡沫添加剂等施工措施的影响较大，而盾构机推力则主要受到切桩截面积以及刀具完好状态的影响。因此，主要针对盾构机千斤顶推力受刀具损伤的影响展开分析。

　　盾构左线施工过程中，穿越前两排桥桩时需同时切削两根桥桩，穿越后三排桥桩时则每次切削一根桥桩。基于前期盾构切桩试验分析所得结论，即刀具同时切削两根桩对应的推力扭矩值明显大于刀具只切削一根桩对应的推力扭矩值（约 1.3 倍），为使盾构机切削五排桩基时推力值在近似相同的条件下能进行比较分析，将盾构机同时切削两根桩基时的推力平均值按上述比例近似转化为切削一根桥桩时的推力平均值，得到盾构穿越五排桥桩的推力平均值变化曲线，如图 11.3.17 所示。

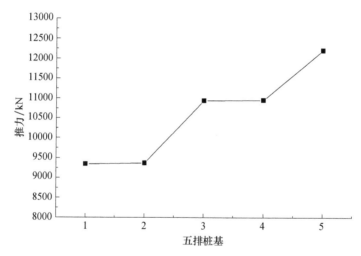

图 11.3.17　盾构切削穿越五排桩基的推力变化曲线

　　从曲线变化趋势上可以看出以下几点规律：

　　（1）随着刀具损伤情况的逐渐加深，刀具切削五排桩基的推力不断增大，刀具损伤与盾构机推力变化呈正比关系。

　　（2）第一排与第二排桩基推力值相近，第三排与第四排桩基推力值相近，这一现象与实际桥桩对应位置一致，说明盾构机推力大小同时受到地层环境的影响。

　　（3）切削最后一排桥桩时推力增大的原因，同时包含了最后一根桥桩直径为 1.2m 大于前四排桥桩直径 1.0m 这一因素。

11.4　桥梁墩台三维变形监测统计与规律分析

11.4.1　桥梁墩台三维变形监测方案

广济桥墩台沉降及倾斜的监测是桥梁监测方案的重点环节，墩台的绝对沉降、不均匀沉降以及水平倾斜量直接关系到桥梁结构的安全。因此，盾构切削穿越桥桩过程中，采用全站仪同时监测桥墩桥台的垂直沉降与水平倾斜。测出监测点的当前三维坐标值后，前后比较测点的垂直 Z 坐标值变化量即可计算出测点的垂直沉降，前后比较测点的水平 X、Y 坐标值变化量即可计算出测点的水平倾斜。墩台变形监测采用徕卡 TCR1201 型全站仪，其测量精度可精确到 1s。

墩台变形测点布置如图 11.4.1 所示。在 0#桥台、1#桥墩、2#桥墩的顶部及底部各布置了一个测点断面，每个监测断面 5 个测点，共 15 个测点。所布测点的位置分别对应墩台的东西两侧部、与隧道中心线相交处以及墩台中点位置。3#桥台由于位处河流岸边，考虑到实际布点困难，选择在桥台东西两侧的顶部各布置 1 测点。

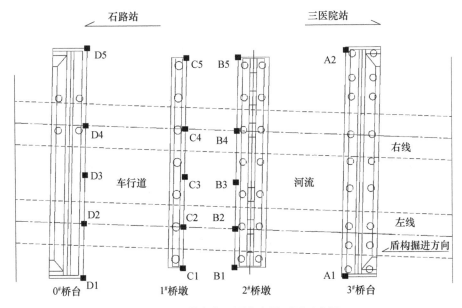

图 11.4.1　墩台变形测点布置平面示意图

如图 11.4.2 所示，考虑到现场可操作性，采用在设计测点位置处植入钢板支架，通过粘贴反光片的方法进行布点。为了提高测量精度，在桥梁一侧的仪器架设点制作了强制归中观测墩。

图 11.4.2　墩台变形测点布置及监测

11.4.2　各墩台三维变形监测数据统计

　　汇总区间左、右线盾构穿桩过程中以及后期桥梁墩台变形数据，分别对墩台三维变形监测全过程数据中的最大正值、最小负值进行了统计，分别如表 11.4.1 和表 11.4.2 所示。

表 11.4.1　左线穿桩桥梁墩台变形监测数据的极值统计

统计项目		3#桥台	2#桥墩	1#桥墩	0#桥台
墩台隆沉 /mm	沉降	-3.1	-2.2	-2.3	-11.7
	隆起	1.3	2.2	1.7	2.5
墩台纵向位移 /mm	后移	-4.9	-7.3	-6.3	-4.2
	前移	2.5	0.9	1.0	1.2

统计项目		3#桥台	2#桥墩	1#桥墩	0#桥台
墩台横向位移/mm	左移	-1.8	-2.2	-1.8	-4.2
	右移	2.6	3.6	3.6	0.5

左线穿桩后，墩台最大沉降极值为-11.7mm，对应于 0#桥台的 D1 点；墩台最大后移极值为-7.3mm，对应于 2#桥墩的 B1 点；墩台最大左移极值为-4.2mm，对应于 0#桥台的 D2 点。

表 11.4.2　右线穿桩桥梁墩台变形监测数据的极值统计

统计项目		3#桥台	2#桥墩	1#桥墩	0#桥台
墩台隆沉/mm	沉降	-1.0	-1.9	-2.0	-3.7
	隆起	1.4	1.7	1.2	1.2
墩台纵向位移/mm	后移	-2.2	-1.9	-2.0	-2.7
	前移	1.0	1.8	1.8	1.0
墩台横向位移/mm	左移	-1.5	-2.2	-2.1	-1.9
	右移	0.7	0	1.3	1.0

右线穿桩结束时，在左线穿桩桥梁墩台已有变形基础上，墩台最大沉降极值为-3.7mm，对应于 0#桥台的 D4 点；墩台最大后移极值为-2.7mm，对应于 0#桥墩的 D1 点；墩台最大左移极值为-2.2mm，对应于 2#桥台的 B2 点。

11.4.3　盾构切桩对桥梁墩台变形的影响分析

盾构穿桩期间，广济桥三维变形受多种因素共同影响，既包括盾构切削对桥桩的力学作用、盾构施工对土体的变形扰动，也包括桥梁上往返车辆移动荷载的影响，以及预先对桥梁加固、三维协同变形等其他因素。

1）刀盘切削对桥桩的力学作用

刀盘切削对桥桩的力学作用包括千斤顶推力、刀盘扭矩、土仓压力、开启超挖刀四个因素，各因素对桥桩变形的影响趋势如下所述：

（1）千斤顶推力。盾构机千斤顶对桩基的向前顶推作用，使桥桩和墩台在纵向上有向前变形的趋势。

（2）刀盘扭矩。左线切桩时，刀盘绝大部分一直右回转（除了切削第二排桩和第五排尾期改为左回转），刀盘扭矩对桥桩的扭转作用为顺时针，因此刀盘对上部桥桩和墩台在横向上有向右的变形趋势。

（3）土仓压力。为了控制桥梁沉降，左线切桩时采用手动排土的方式保土压，实际过程中土压也一直较高。较高的土压对控制墩台沉降有积极效果，同时也使桥桩和墩台在纵向上有向前变形的趋势。

（4）开启超挖刀。盾构切削第一排和第二排桩时，为了保护外包管开启了超挖刀，超挖量为 8cm。一方面，根据切桩前所进行的超挖试验，在软土地层中开启超挖刀只是局部扰动土体，超挖并不超排，不会造成地层损失而引起沉降；另一方面，由于是刀盘右回转时开启超挖刀，超挖刀对顶部桩端的切削作用使桥桩有向右变形的趋势。

2）盾构施工对土体的变形扰动

盾构施工对土体的变形扰动包括四个因素，各因素对桥桩变形的影响趋势如下所述：

（1）推速慢造成的长时间扰动。盾构切桩时，一方面刀盘旋转过程中对刀盘周边土体不断搅动（缠绕钢筋后扰动影响更大），另一方面切桩时刀盘对桥桩作用的推力和扭矩使桩周土松动，从而减低桩基承载力。扰动影响使墩台有下沉的趋势，而 1mm/min 的慢速掘进加长了扰动的时间。

（2）盾壳外空隙和盾尾建筑空隙。根据在苏州轨道交通 1 号线对盾构施工过程中深层土体变形的监测数据可知，对于盾壳上方的土体，由于盾壳外空隙和盾尾建筑空隙的存在，盾体通过期间以及盾尾通过期间，土体将会后移。

（3）同步注浆。过桥桩阶段同步注浆量仍与穿房屋阶段一样，注入量为 3.4m³。根据前期盾构过房屋经验，该注入量下盾尾通过时会造成沉降，因此过桥桩阶段，盾尾空隙和同步注浆对桥梁变形的影响为沉降。

（4）二次补浆。通过管片吊装孔进行二次补浆，将会使土体有隆起的趋势。

3）其他因素对桥梁变形的影响作用

（1）两排桩前后被切。3#桥台和 2#桥墩下有两排桥桩，盾构刀盘先切断前排桥桩后，前排桥桩对上部墩台的支撑力将小于后排桥桩，因此，墩台将会向前排桥桩方向倾斜，即顺着盾构掘进方向看，墩台将会后移。

（2）桩基阶段后承载力减小。桥桩下部被截断后，桥桩的承载力将减小，因此造成墩台沉降。

（3）预先对 1#桥墩加固。根据可行性研究报告的建议，切桩工程实施前，事先对 1#桥墩承台基础进行了扩大，并对基底下 5m 范围内土体进行了加密注浆加固，因此有利于减小 1#桥墩及地表处的沉降。

（4）三维协同变形相关。桥梁的三维变形存在协同相关性，例如，墩台左侧沉降会导致墩台左移。

11.4.4　墩台三维变形历时曲线及其规律

以左线盾构穿越桥桩桥梁墩台变形数据为例，分别绘制桥梁墩台三维变形历时变化曲线，即墩台沉降变形、纵向变形、横向变形历时变化曲线，研究桥梁墩台的三维变形规律。

1）沉降历时变化曲线

盾构区间左线切削穿越广济桥施工期间及后续阶段，对墩台隆沉进行了高频率全程监测，$3^{\#}\sim0^{\#}$墩台的沉降变形历时变化曲线如图 11.4.3 所示，沉降为负，隆起为正。

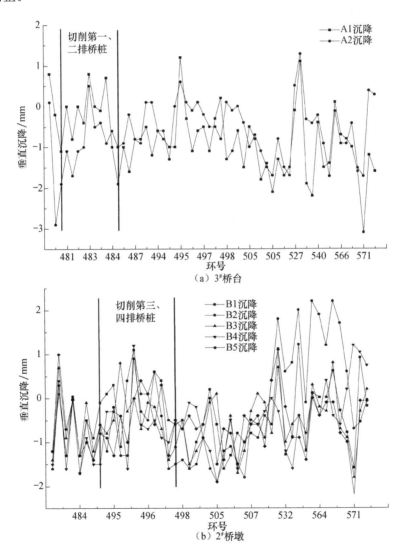

（a）$3^{\#}$桥台

（b）$2^{\#}$桥墩

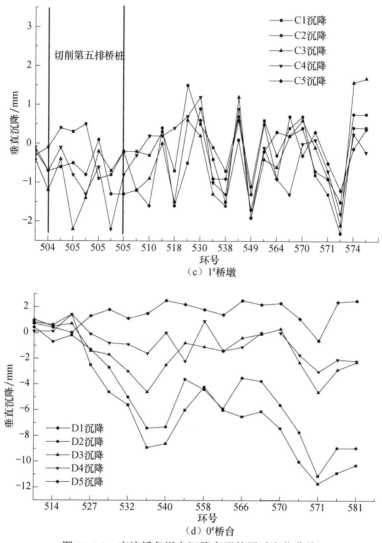

图 11.4.3　广济桥各墩台沉降变形的历时变化曲线

2）纵向变形历时变化曲线

盾构切削穿越广济桥施工期间及后续阶段，对墩台纵向变形进行了高频率全程监测，3#～0#墩台的纵向变形历时变化曲线如图 11.4.4 所示，顺着盾构掘进方向看，向前变形为正，向后变形为负。

3）横向变形历时变化曲线

盾构切削穿越广济桥施工期间及后续阶段，对墩台横向变形进行了高频率全程监测，3#～0#墩台的横向变形历时变化曲线如图 11.4.5 所示，顺着盾构掘进方向看，向右变形为正，向左变形为负。

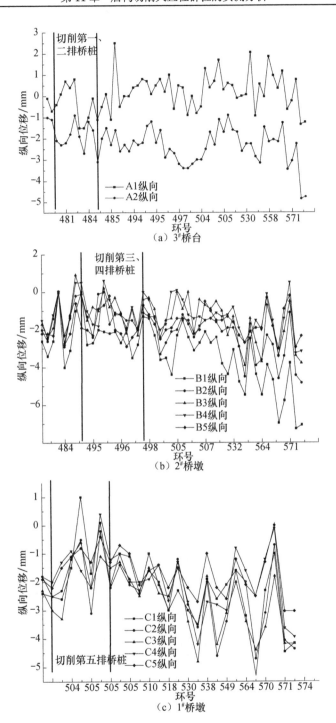

（a）3#桥台

（b）2#桥墩

（c）1#桥墩

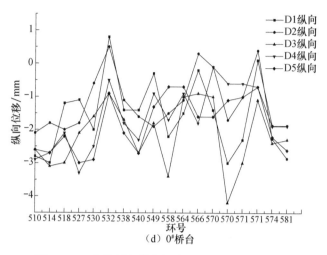

（d）0#桥台

图 11.4.4 广济桥各墩台纵向变形的历时变化曲线

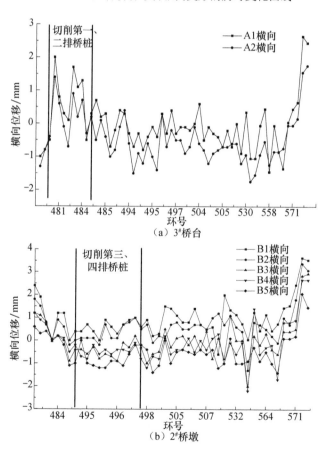

（a）3#桥台

（b）2#桥墩

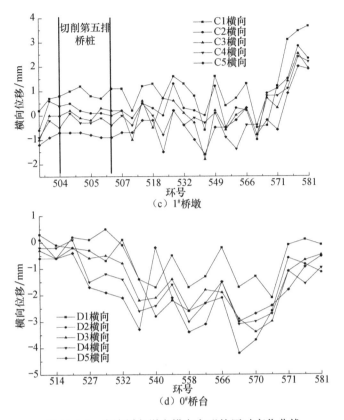

图 11.4.5 广济桥各墩台横向变形的历时变化曲线

4）墩台三维变形规律分析

（1）左线前三排墩台的总沉降量较小，最大沉降值仅 3.1mm，说明：

① 左线掘进施工参数的选择是合理的，长时间的切桩扰动并未引发桩土产生较大变形，慢磨切桩的思想在右线切桩时应继续坚持；

② 采用手动排土方式控制土压和少排土，对控制沉降效果显著；

③ 原桥桩被截断后，仅剩较短长度的上部残桩而墩台沉降较小，实际情况证明了桥梁设计的安全储备较高。

（2）第四排墩台沉降较大，最大值为 11.7mm，一方面因为盾构正常掘进施工所引起的地层损失，另一方面，该墩台在东侧（左线经过处）并没有桩基，缺乏桩基的承载作用。

（3）四排墩台总体上均后移，说明使墩台后移的因素包括盾壳空隙、盾尾空隙、两根桩前后被切等，是墩台纵向变形的主导因素，而使墩台前移的因素如盾构推力和土压为次要因素。

（4）前三排墩台的横向位移基本上在零线上下波动，说明影响横向位移的因素（扭矩和开启超挖刀）影响较小。

（5）第四排墩台在横向上向左偏移，最大横向位移为 4.2mm，主要是因为左线盾构在该墩台产生了较大沉降，形成横向沉降槽的过程中带动右侧的土体向左移动。

11.4.5　桥梁安全性评估

《城市桥梁养护技术规范》（CJJ 99—2003）中规定："当简支梁桥的墩台从基础均匀总沉降值大于 $2.0\sqrt{L}$ (cm)，相邻墩台均匀总沉降差位大于 $1.0\sqrt{L}$ (cm) 或墩台顶面水平位移值大于 $0.5\sqrt{L}$ (cm) 时，应及时对简支梁桥的墩台基础进行加固"。L 为相邻墩台间的小跨径长度，以米计。

广济桥四个墩台间的最小跨度为 11m，则根据以上规范规定，广济桥墩台允许最大绝对沉降 $2.0\sqrt{11}\approx6.63$cm，墩台允许最大不均匀沉降 $1.0\sqrt{11}\approx3.32$cm，墩台允许最大水平倾斜 $0.5\sqrt{11}\approx1.66$cm。

桥梁墩台三维变形实测数据显示，改造加强后的盾构机在现有掘进控制技术体系下切削桩体，盾构的切削扰动对桥桩以及上部变形的影响较小，左线穿桩完成后墩台最大沉降极值为-11.7mm，对应于 0# 桥台的 D1 点；墩台最大后移极值为-7.3mm，对应于 2# 桥墩的 B1 点；墩台最大左移极值为-4.2mm，对应于 0# 桥台的 D2 点。桥梁的三维变形数值均在《城市桥梁养护技术规范》（GJJ 99—2003）允许范围内。

11.5　隧道管片变形及结构安全性研究

通过对穿越桥桩段管片的三维变形情况的监测，取得管片浮沉量及收敛情况的变形数据，是评估当前隧道及桥梁结构安全状况的重要手段。同时，对比分析残桩所处位置与其相邻位置管片变形差异情况，可判断残桩引起的附加应力大小及其对管片结构的影响。因此，在穿越桥桩段选取部分环管片进行布点，采用全站仪测量其三维坐标变化，分析其浮沉量及收敛情况是十分必要的。

11.5.1　管片三维变形监测及分析

1）管片监测点选取

对管片变形监测进行对应环数的选择时，重点对与桩基接触的一环进行监测，同时对其邻近环管片监测以进行对比分析。左线穿桩完成后，对管片布点的选取主要围绕第一、五排残桩所对应位置，按照关键点位监测与相邻点位对比分析的思路，分别在残桩所处位置及隔1环、隔4环、隔6环对应环管片进行布点。右线穿桩完成后，主要围绕残桩所对应位置及相邻环管片进行布点。通过对比邻近管片间的变化，分析管片在附加应力作用下导致的变形情况。具体选取布点环数如图 11.5.1 和图 11.5.2 所示。

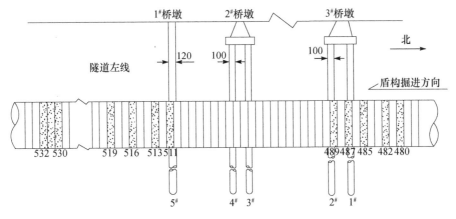

图 11.5.1　左线穿桩管片三维变形布点环选取示意图

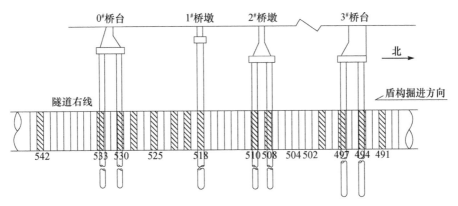

图 11.5.2　右线穿桩管片三维变形布点环选取示意图

管片变形监测采用全站仪和反光片。待测管片拼装完成后，随即在管片相应位置上安装固定支架，再在支架上粘贴好反光片。在实际布点过程中，考虑到点位的监测视线可能会受到盾构机台车顶部的遮挡，若在管片左右两侧位置布点，则突出的测点支架会影响操作工人的正常施工。因此，选择在每一环管片的顶部、左上部、右上部进行布点。如图 11.5.3 所示，在待测管片的上部、左部、右部分别定位 3 个反光片，通过监测这 3 个测点的位移变化量，即可算出管片的竖直沉浮及水平收敛。

布点的方式与桥墩监测布点相类似，将现场制作好的钢板支架植入管片内部，植入深度不小于 5cm，然后通过在钢板上粘贴反光片的方式布点。点位布设及管片三维变形测点布置如图 11.5.4 所示。

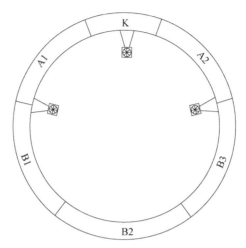

图 11.5.3　管片三维变形点位布置示意图

图 11.5.4　管片点位布设及三维变形测点布置

2）管片上浮量统计

通过对切桩段部分管片的左上部、顶部、右上部三个位置测点的三维坐标进行监测，发现在粉细砂地层条件下，由于盾构同步注浆浆液为惰性浆液，浆液初凝时间较长，从而产生了大于管片自重的上浮力。管片拼装完成后有初期快速上浮，后期缓慢下沉的规律，监测数据如表 11.5.1 所示。

表 11.5.1　管片隆沉值统计　　　　　　（单位：mm）

测点	1 天后	3 天后	5 天后	9 天后	18 天后	70 天后
530 中	2.25	2.65	2.10	2.30	2.10	-3.20
531 中	15.60	14.85	16.25	16.40	16.25	12.15

续表

测点	1 天后	3 天后	5 天后	9 天后	18 天后	70 天后
532 左	30.05	29.15	27.85	29.55	29.35	25.62
532 中	20.70	21.20	19.40	20.45	20.35	17.00
532 右	15.90	16.85	14.90	16.10	16.10	11.10

注：测点布置时，530 环刚拼装完成，531 环即将脱出盾尾，532 环刚脱出盾尾。

管片上浮基本上在脱出盾尾 24h 内完成，最大上浮量为 30.05mm，逐渐稳定后开始缓慢下沉。当管片脱出盾尾 70 天时，在原有上浮量基础上下沉了 2~5mm。

3）管片水平收敛统计

管片脱出盾尾初期收敛变形较小，后期在地层应力作用下管片水平方向呈现向内收敛的趋势，监测数据表明，管片脱出盾尾 70 天后，水平方向收敛变形为 1~3mm。具体数值如表 11.5.2 所示。

表 11.5.2　管片水平收敛统计　　　　　　（单位：mm）

测点	5 天后	7 天后	9 天后	18 天后	90 天后
480	-0.15	0.05	-0.20	0.10	-1.30
482	0.30	0.35	0.25	0.65	-2.30
485	0	0.10	0.20	0.95	-0.35
487	0.40	0.65	0.40	0.9	-1.90

分析左线盾构穿桩管片水平收敛情况可以发现，管片变形较小且以横椭圆居多，与量测管片椭圆度的数据规律是一致的。

11.5.2　管片椭圆度变化规律分析

通过研究统计，在苏州粉细砂地层条件下，隧道管片变形总体上以横椭圆（水平方向直径大于竖直方向）居多，左线穿桩完成一周后，针对穿越桥桩段管片椭圆度进行了测量统计，结果显示左线穿桩完成后管片椭圆度均在规范允许偏差内。管片横向、竖向椭圆度与桩体位置关系分别如图 11.5.5 和图 11.5.6 所示。

分析管片椭圆度统计规律后发现，盾构区间左线穿桩完成一周时，残桩所对应位置的管片椭圆度通常较小，而切桩时对应的拼装环管片椭圆度相对较大。盾构切桩所对应的拼装环受盾构机切桩影响时间较长，相互扰动较大，导致管片椭圆度增大。

左线穿桩完成 80 天后（2012 年 3 月 10 日），对盾构切桩段管片横向、竖向椭圆度进行复测，监测结果表明以下两点：

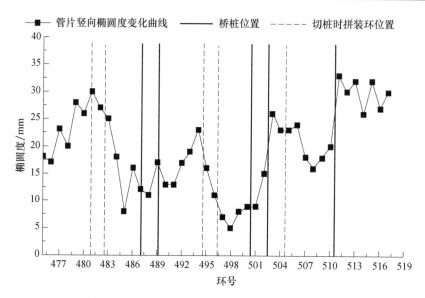

图 11.5.5 穿桩段管片横向椭圆度与桩体位置关系

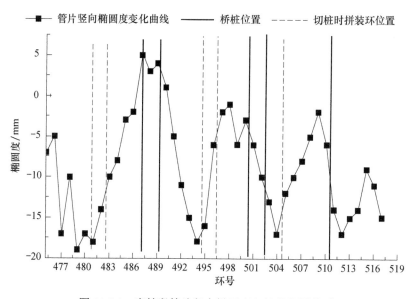

图 11.5.6 穿桩段管片竖向椭圆度与桩体位置关系

（1）从整体上看，无论是横向椭圆度还是竖向椭圆度都呈现减小的趋势，表明管片长期处在地层压力的作用之下沿径向缓慢收缩。

（2）对比残桩所处位置及其附近管片变形情况，未发现残桩位置处管片有变形异常现象，说明穿桩完成 80 天后，残桩引起的附加应力对管片变形的影响很小，这与监测到桥梁墩台沉降变形很小是一致的。

11.5.3　管片错台数据统计及分析

管片错台是指拼装好的管片同一环各片或相邻环管片间的内弧面不平整，一般是受力不均匀造成的。当某点的集中荷载超过设计极限后，必然会导致管片间的相对位移。管片错台不仅影响隧道外观质量，而且会导致隧道渗漏水等结构安全隐患，是影响隧道质量的一个关键因素。

本工程中，盾构切削穿越桥桩段位于三医院站—石路站左线上坡区间，该区段管片总体上呈现出阶梯状上升的"叠瓦式"错台现象，顶部错台缝最大值为23mm，位于盾构机切削第一排桥桩时对应的拼装环。究其原因，可主要分为以下三点：

（1）盾构隧道上坡掘进时，由于管片拼装过程中对隧道转弯采取的措施不足，管片楔形量不满足管片转弯需求，导致管片法面与盾构掘进方向不垂直，而各环管片为保持沿隧道轴线方向一致，产生了向上错台的现象。

（2）管片外周同步注浆压力及地层应力作用在管片上，壁后浆液往往因为初凝时间较长而产生大于管片自重的上浮力。此时，如果没有立即采取防止管片上浮的措施，隧道管片的上部就会出现连续的"叠瓦式"错台。

（3）盾构切桩所对应的拼装环受盾构机切桩影响时间较长，盾构与桩体相互扰动较大，导致前一环管片错位现象的发生。

（4）截至左线切桩完成一周，监测到管片错台如图 11.5.7 所示。可以

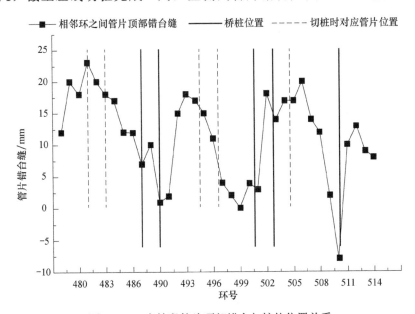

图 11.5.7　穿桩段管片顶部错台与桩体位置关系

看出，管片错台整体满足规范要求，管片错台受残桩（附加应力）影响较小，而切桩时对应的拼装环管片错台较为严重，这与管片椭圆度的变化规律是一致的。

11.5.4 隧道结构安全性评估

《盾构法隧道施工与验收规范》（GB 50446—2008）中规定，对于地铁隧道，隧道轴线平面偏差允许值为±100mm，隧道轴线高程偏差允许值为±100mm。根据规范，地铁隧道衬砌环直径椭圆度允许偏差为±0.6%D，D 为隧道的外直径。本工程中 $D=6.2$m，椭圆度允许偏差为 37.2mm。

本工程监测了管片上浮、管片收敛、管片椭圆度以及管片错台等项目。根据实测数据结果，隧道轴线平面偏差、高程偏差均在允许值范围内，隧道管片衬砌环直径椭圆度也在允许偏差要求内。在检验隧道管片安装质量的同时，通过对比残桩所在环管片质量与附加应力影响区域外管片的质量，论证了残桩引起的附加应力对隧道结构变形影响较小的事实。

管片及桥梁墩台监测数据表明，管片最大上浮量为 30.05mm，桥梁墩台最大下沉量为 11.7mm，二者之和远远小于残桩与管片之间的实际缝隙 150mm（建筑缝隙 70mm+仿形刀超挖量 80mm）。因此，从理论上分析可知，残桩并不会直接接触作用于管片上，而是悬浮于管片上方。同时，从管片错台、椭圆度及三维变形的数据上看，残桩所处位置对应的管片变形情况相比其他管片并无异常现象发生，从而印证了残桩未接触到管片、附加应力对管片影响较小这一理论分析，进而证明了残桩所处段管片结构是安全的。

此外，基于前期可行性研究理论成果，对管片结构受力及配筋计算进行了分析，设计选取超深埋管片作为穿桩段隧道主体支护结构，结构承载力对当前结构荷载是有较大富余量的。即使桥桩在路面车辆重荷载作用下发生后续沉降，引起残桩对管片附加应力的增加，隧道结构仍可在一定范围内承担残桩引起的附加应力。

综上所述，当前隧道建筑结构满足安全性要求。

11.6 隧道管片变形及结构安全性研究

依托苏州轨道交通切桩工程，本章研究了盾构设备综合改造加强方案、切削施工关键控制技术，探讨了切桩条件下的上部结构与管片衬砌的安全性能；基于苏州切桩工程实际效果与实测数据，分析了刀具切削及螺旋机排筋效果、刀具损伤规律、推力扭矩特征、桥隧三维变形规律等，并针对工程中遇到的问题给出了相应的改进建议。主要结论如下：

（1）通过建立切削中部桩和侧部桩的计算模型，发现切桩长度存在三点规律：①无论是切削中部桩还是侧部桩，随着切削半径增大，切桩长度均是先增大后减小；②最长的切桩长度发生在位于远端桩侧附近的切削半径上，该切削半径约等于桩基偏离距离和桩基半径之和；③切削侧部桩的切桩长度大于切削中部桩。

（2）基于切桩试验获得了新型贝壳刀磨损系数，对苏州切桩工程左右线的刀具磨损量进行了预测，从刀具磨损角度指出苏州左右线工程切桩均是可行的。

（3）采取极限假设的分析思路，对盾构切削穿越桥梁群桩下的桥梁结构安全性进行了计算分析，并提出了采用扩大基础的加固方案，使实际切桩工程中桥梁安全受控。

（4）研究切桩特殊条件下管片所承受的荷载以及配筋是否仍符合管片受力性能要求，结果表明，切桩后上部桩体的桩端不会直接作用于衬砌管片上，但墩台在隧道顶部会产生附加应力，因此需要对管片配筋提出特别的加强措施。

（5）切桩施工前，应对盾构设备进行综合改造，包括刀盘、刀具、螺旋输送机、小流量推进泵、外包管等方面。螺旋输送机应从利于排渣、降低磨损、加强应急三个方面进行改进，选用带式螺旋输送机为宜；应增加一台小流量低速推进泵，保证盾构机切削桩基时能够低速、稳速推进，减少刀具的崩损率；为降低盾构过桩时上部残桩对外包管造成损伤的风险，应降低外包管的突起高度，并在外壳板上追加配置减轻阻力用的先行刀；增加人舱系统，并做气密性等相关检验，确保其性能完好，保证能够带压进舱换刀。

（6）提出了以"慢推速、中转速、保土压、注惰浆、控姿态"为核心的盾构切削大直径桩基施工控制技术。切桩应以"磨削"为基本理念，刀具应慢推速、小切深地磨切混凝土和钢筋；为兼顾控制推力、扭矩和保护刀具的双重需要，刀盘转速不应过大也不应过小，以中等转速为宜，建议为 0.5～0.8r/min；保土压是控制桥梁沉降的关键，切桩时土仓压力设定应适当地提高，具体可通过"闷推"的方式来实现；为防止上部残桩继续下沉而对管片衬砌产生集中荷载，应选择强度不高、凝固较慢的浆液类型；应加强盾构姿态特别是垂直姿态的控制，若盾构姿态控制不良，很可能导致已切断的残桩直接作用在盾构机壳上。

（7）苏州切桩左右线工程，盾构安全顺利进洞到达且刀具磨损量较小，经全程监测，桥梁和管片衬砌安全受控。工程实践的安全顺利表明，盾构直接连续切削大直径群桩是可行的，也证实了本章所研究提出的刀具配置方案及切削施工控制技术的合理性。

（8）根据工程实测，新型切桩刀具的磨损系数约为 0.77mm/km；带式螺旋输送机能排出的钢筋最大弯曲直径与其内筒直径基本一致。

（9）针对工程中实际遇到的合金刀刃崩损较多问题，提出了相应的改进建议；根据各刀具与桩基的相对位置关系，提出了等磨损刀具布置法；对盾构疲劳作业以及温度过高问题，给出了相应的解决措施。

第 12 章　盾构切削钢筋混凝土桩的辅助技术

12.1　新型壁后注浆材料

盾尾同步注浆是控制地表及建筑物沉降的关键施工步骤之一,是盾构机在穿越建筑物时确保建筑物安全的重要措施。同步注浆能够及时填充盾尾空隙,有效控制上方地层沉降。

盾构切桩后,若残留在地层中的隧道上方的桥梁残桩继续下沉挤压管片,将直接威胁隧道结构安全。性能良好的壁后注浆材料(准厚浆)能够在有效控制地层沉降的同时,对隧道上方的残桩起到一定的托举作用,避免残桩直接挤压管片,从而保护管片,如图 12.1.1 所示。

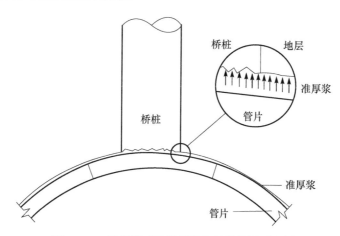

图 12.1.1　准厚浆对残留桥桩的托举作用示意图

新型浆液性能既要考虑残桩挤压管片作用的影响,同时要结合苏州软土地层条件的问题进行思考,如以下问题:

(1)周边地表上方存在大量建筑物,若浆液强度不够、充填性不好,则极易导致地表沉降,威胁建筑安全。

(2)地层中富含大量地下水,普通浆液注入地层间隙后会被地下水稀释,影响浆液性能,降低注浆效果。

(3)浆液黏稠性较大时,容易造成注浆管堵塞,影响注浆效率。

这些问题都对壁后注浆材料提出了明确要求。基于此，考虑研发新型注浆材料，本节具体介绍新型浆液的研发过程。

12.1.1 新型浆液原材料及浆液性能指标要求

1）新型浆液原材料要求

新型浆液由消石灰、粉煤灰、中细砂、膨润土、水、添加剂等搅拌而成。据前期研究，初定浆液组成原材料的性能要求如表 12.1.1 所示。

表 12.1.1 浆液原材料要求

材料名称	性能要求
石灰	消石灰，氢氧化钙含量≥85%，320 目筛余量≤0.5%，钙镁含量≥70%
粉煤灰	Ⅱ级，细度（0.045mm 方孔筛筛余）不大于 20%～45%，含水量≤5%
中细砂	河砂，细度模数≥1.5，含泥量<5%，使用前过 5mm 筛
膨润土	钠基，95%通过 200 目筛，膨胀率 13～30ml/g
水	天然水，pH=7，无味
添加剂	减水率 20%～30%，水化控制能力>20h，水解度<30%

2）新型浆液基本性能要求

同步注浆浆液应具备以下性能：

（1）具有良好的长期稳定性及流动性，并能保证适当的初凝时间，以适应盾构施工以及远距离输送的要求。

（2）具有良好的充填性能。

（3）在满足注浆施工的前提下，尽可能早地获得高于地层的早期强度。

（4）浆液在地下水环境中，不易产生稀释现象。

（5）浆液固结后体积收缩小，泌水率小。

（6）原料来源丰富、经济，施工管理方便，并能满足施工自动化技术要求。

（7）浆液无公害，价格便宜。

3）新型浆液性能指标控制要求

新型浆液以坍落度为主要管理指标，同时也兼顾稠度、凝结时间和浆液试块抗压强度等，综合试验数据和以上分析，新型浆液基本性能控制指标初定为表 12.1.2。

表 12.1.2　浆液性能指标控制要求

名称	性能指标
坍落度	初始值 24～26cm，坍落度在 2h 内不低于 20cm
稠度	10～12.5cm
凝结时间	≥9h
抗压强度	$R_7 > 0.15\text{MPa}$；$R_{28} > 1.0\text{MPa}$
密度	$>1.70\text{g/cm}^3$

12.1.2　新型浆液组成材料的功能分析

新型浆液各组成材料的主要功能如下：

（1）石灰。石灰能增加浆液的黏度，提高浆液的保水性，并有一定的固结作用。

（2）粉煤灰。新型浆液以粉煤灰作为提供浆液固结强度和调节浆液凝结时间的材料。其中，浆液中使用的粉煤灰可以改善浆液的和易性（流动性）。

（3）膨润土。膨润土为类似蒙脱石的硅酸盐，为溶胀材料，主要具有柱状结构，因而其水解以后，在砂浆中增大砂浆的稳定性，同时其特有的滑动效应在一定程度上提高了砂浆的滑动性能，增大可泵性。膨润土可以减缓浆液的材料分离，降低泌水率，还具有一定的防渗作用。

（4）砂。在浆液中作为填充料。

（5）减水剂。主要起减水作用。

12.1.3　新型浆液试验与结果分析

试验测试浆液的基本物理力学性能，包括坍落度、稠度、流动度、凝结时间、密度和强度共六项，坍落度测试参考混凝土坍落度的测定方法，用坍落筒测定，其他五项试验方法主要参考行业标准《建筑砂浆基本性能试验方法》（JGJ/T 70—90）执行。

试验根据前期考察进行了试配，并进行浆液性能指标测试，在此基础上开展均匀试验，经对试验结果进行优化分析得出较优配比，作为苏州轨道交通 2 号线的推荐浆液配合比。以其中一组推荐配比为基础，研究用水量、减水剂用量、减水剂品牌、砂的细度模数以及粉煤灰和膨润土对浆液性能指标的影响规律。

1）浆液试配及试验结果分析

表 12.1.3 为用细度模数为 1.5 的砂进行试配的配比情况。图 12.1.2 为 A1 号配比坍落度试验照片，坍落度达到 24cm 左右时的配比性能指标曲线如图 12.1.3～图 12.1.6 所示。

表 12.1.3　基于前期考察的试配比　　　　　　（单位：kg/m³）

配比号	石灰	粉煤灰	砂	膨润土	水	减水剂（SK6）
A1	70	300	700	66	600	1
A2	53	400	1067	67	543	4
A3	52	400	800	70	640	1

图 12.1.2　A1 号配比坍落度试验（坍落度 24.2cm）

由图 12.1.3 可知，A1～A3 三种配比浆液的坍落度经时变化曲线基本一致，曲线较平缓，可以使坍落度较长时间内维持在较高值，以降低堵管的概率。

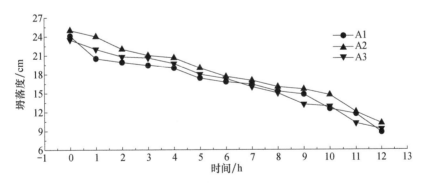

图 12.1.3　浆液的坍落度经时变化曲线（A1～A3）

由图 12.1.4 可知，A1 号配比的稠度经时变化曲线较为平缓，A2 号配比的稠度经时变化曲线较差，A3 号配比的介于两者之间。

由图 12.1.5 可知，A2 号配比的流动度在开始的 6h 内最大，而 A1 号配比的流动度经时变化曲线最平缓。

由图 12.1.6 可知，A1 号配比的凝结时间最短，还不到 6h，而 A2 和 A3 号配比的凝结时间基本一致，达 7.75h 左右。

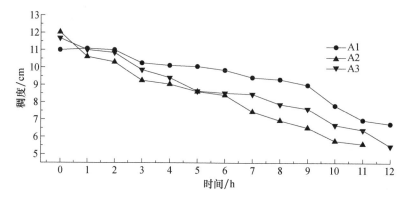

图 12.1.4　浆液的稠度经时变化曲线（A1～A3）

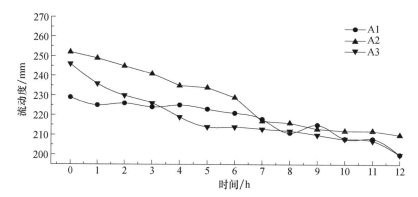

图 12.1.5　浆液的流动度经时变化曲线（A1～A3）

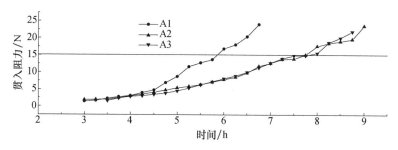

图 12.1.6　浆液的凝结时间曲线（A1～A3）

表 12.1.4 为浆液密度的测试结果。

表 12.1.4　浆液密度测试结果

序号	A1	A2	A3
试样密度平均值/（g/cm）	1.833	1.882	1.828

2）均匀试验设计与结果分析

以水胶比、膨水比、胶砂比、粉灰比、减胶比为因素，每一个因素按 4 水平考虑，设计了 5 因素 4 水平均匀试验，共 10 组试验，试验配比如表 12.1.5 所示。

表 12.1.5　均匀试验配比　　　　　（单位：kg/m^3）

序号	消石灰	粉煤灰	砂	膨润土	水	减水剂
B1	40.00	296.70	833.30	60.00	503.30	5.00
B2	46.67	330.00	1033.00	85.00	416.40	5.67
B3	53.33	363.30	1233.00	55.00	570.00	4.33
B4	60.00	396.70	700.00	80.00	481.10	4.00
B5	66.67	430.00	900.00	50.00	392.20	3.67
B6	73.33	280.00	1100.00	75.00	547.80	3.33
B7	80.00	313.30	1300.00	45.00	458.90	3.00
B8	86.67	346.70	766.70	70.00	370.00	2.67
B9	93.33	380.00	966.70	40.00	525.60	2.33
B10	100.00	413.30	1167.00	65.00	436.70	2.00

运用软件对均匀试验结果进行多元回归分析和自动试验优化，并充分考虑各材料在浆液中的作用，以坍落度管理为中心，以防止堵管为重要评价指标，针对 A、B 区（不同工程段）推荐较优的配合比，如表 12.1.6 所示，其性能指标如图 12.1.7～图 12.1.10 所示。

表 12.1.6　A、B 区推荐配比　　　　　（单位：kg/m^3）

序号	消石灰	粉煤灰	膨润土	砂	水	减水剂
1	60	400	70	800	530	2
2	70	300	67	930	540	3

由图 12.1.7 可知，推荐配比的初始坍落度为 24～25cm，3h 内坍落度不小于 20cm，8h 内坍落度不小于 16cm，12h 内坍落度不小于 14cm，保坍效果良好。

由图 12.1.8 可知，推荐配比稠度在 3h 内大于 10cm，8h 内大于 9cm，稠度性能优于试验初始配比。

由图 12.1.9 可知，推荐配比的流动度 3h 内大于 235mm，6h 内大于 220mm，优于试验初始配比。

由图 12.1.10 可知，1 号配比的凝结时间（贯入阻力到达 15N 时）在 9h 以上，远超过了试验初始配比的凝结时间。

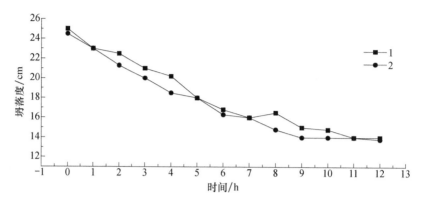

图 12.1.7　推荐配比浆液坍落度经时变化曲线

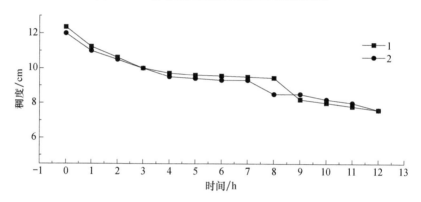

图 12.1.8　推荐配比浆液稠度经时变化曲线

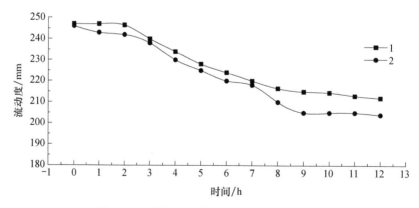

图 12.1.9　推荐配比浆液流动度经时变化曲线

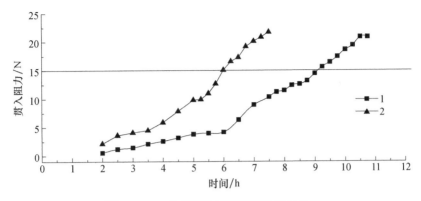

图 12.1.10　推荐配比浆液的凝结时间曲线

3）砂的细度模数对浆液性能指标的影响

在保持其他配比不变情况下，分别采用细度模数 0.5、1.5、1.8 和 2.5 的砂进行试验。浆液配合比如表 12.1.7 所示，其性能指标曲线如图 12.1.11～图 12.1.14 所示。

表 12.1.7　试验配比（不同细度模数）　　　　（单位：kg/m³）

序号	细度模数	石灰	粉煤灰	砂	膨润土	水	减水剂（PCA1）
C1	0.5	60	400	800	70	470	2
E4	1.5	60	400	800	70	470	2
H4	1.8	60	400	800	70	470	2
G10	2.5	60	400	800	70	470	2

图 12.1.11　浆液的坍落度经时变化曲线（不同细度模数）

由图 12.1.11 可知，开始时，细度模数 2.5 的砂配制的浆液坍落度较小，但经时变化曲线较平缓，细度模数 1.5 和 0.5 的坍落度经时变化曲线比较接近，细度模数 1.8 的砂配制的浆液的坍落度经时变化曲线最优。

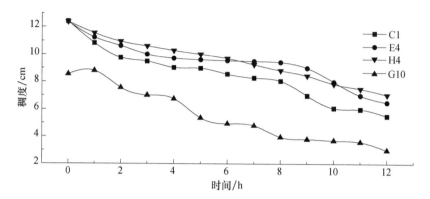

图 12.1.12　浆液的稠度经时变化曲线（不同细度模数）

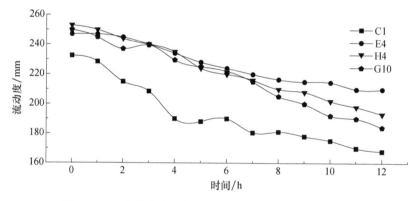

图 12.1.13　浆液的流动度经时变化曲线（不同细度模数）

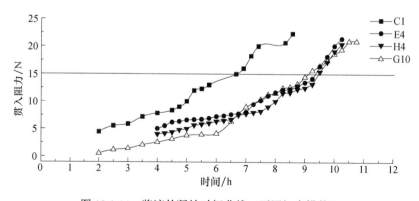

图 12.1.14　浆液的凝结时间曲线（不同细度模数）

由图 12.1.12 可知，细度模数 1.5 和 1.8 的砂配制的浆液稠度值最优，细度模数 2.5 的最差。

由图 12.1.13 可知，细度模数 1.5 的砂配制的浆液流动度经时变化曲线最优，细度模数 1.8 的次之，细度模数 2.5 的最差。

由图 12.1.14 可知，细度模数 0.5 的砂配制的浆液凝结时间（贯入阻力达 15N 时）最短，其他的比较接近。

4）减水剂用量对浆液性能指标的影响

为测试减水剂掺加量对浆液性能指标的影响，以表 12.1.6 的推荐配比 1 为基础，采取其他材料掺加量不变，改变减水剂用量进行对比试验，试验配合比如表 12.1.8 所示，其性能指标曲线如图 12.1.15～图 12.1.18 所示。

表 12.1.8　试验配比（不同减水剂用量）　　　　（单位：kg/m³）

序号	石灰	粉煤灰	砂	膨润土	水	减水剂
G1	60	400	800	70	530	2（PCA1）
G4	60	400	800	70	530	0
G5	60	400	800	70	530	4（PCA1）

由图 12.1.15～图 12.1.18 可知，加入减水剂能够使浆液的坍落度、稠度和流动度的经时变化曲线变得很平缓，减水剂掺加量增加能使浆液的坍落度、流动度也随着增加。掺加减水剂能延长浆液的凝结时间。

5）不同品牌减水剂对浆液性能指标的影响

为测试不同品牌减水剂对浆液性能指标的影响，用三种品牌减水剂对同一配比的浆液进行对比试验，配合比如表 12.1.9 所示，性能指标对比结果如图 12.1.19～图 12.1.22 所示。

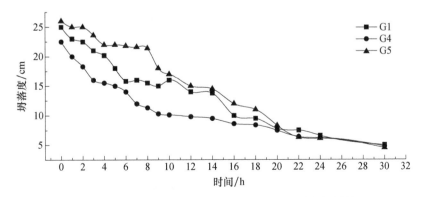

图 12.1.15　浆液的坍落度经时变化曲线（不同减水剂用量）

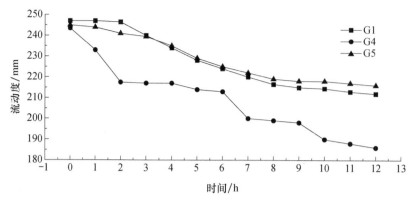

图 12.1.16　浆液的流动度经时变化曲线（不同减水剂用量）

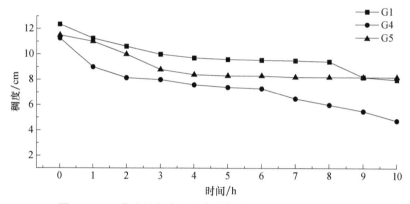

图 12.1.17　浆液的稠度经时变化曲线（不同减水剂用量）

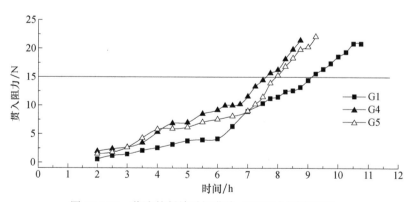

图 12.1.18　浆液的凝结时间曲线（不同减水剂用量）

表 12.1.9　试验配比（不同品牌减水剂）　　（单位：kg/m³）

序号	石灰	粉煤灰	砂	膨润土	水	减水剂
G1	60	400	800	70	530	2（PCA1）

续表

序号	石灰	粉煤灰	砂	膨润土	水	减水剂
G6	60	400	800	70	530	2（五龙）
G7	60	400	800	70	530	2（SK6）

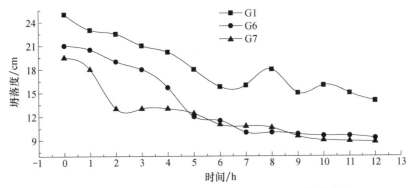

图 12.1.19　浆液的坍落度经时变化曲线（不同品牌减水剂）

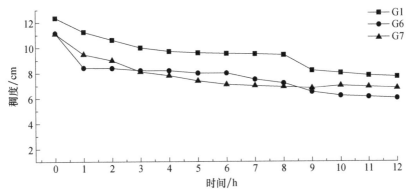

图 12.1.20　浆液的稠度经时变化曲线（不同品牌减水剂）

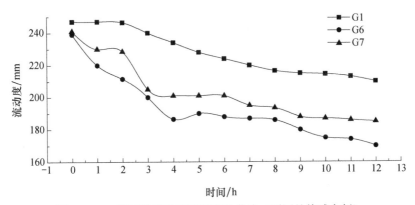

图 12.1.21　浆液的流动度经时变化曲线（不同品牌减水剂）

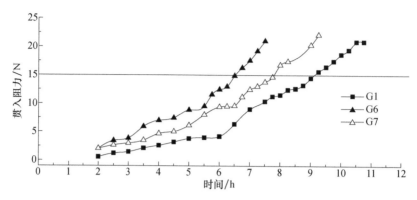

图 12.1.22　浆液的凝结时间曲线（不同品牌减水剂）

　　总体来看，掺加 PCA1 型减水剂的浆液的坍落度、稠度、流动度的经时变化曲线更加平缓，且浆液凝结时间（贯入阻力达 15N 时）也最长。

　　6）水量对浆液性能指标的影响

　　保持其他配比不变，只改变水量，配比如表 12.1.10 所示，浆液性能指标的变化规律如图 12.1.23～图 12.1.26 所示。

表 12.1.10　试验配比（不同水量）　　　　（单位：kg/m³）

序号	石灰	粉煤灰	砂	膨润土	水	减水剂（PCA1）
G1	600	400	800	70	530	2
G2	600	400	800	70	560	2
G3	600	400	800	70	500	2

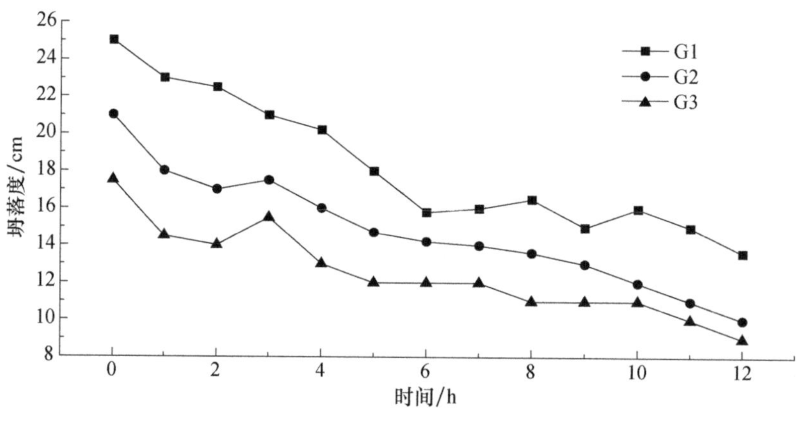

图 12.1.23　浆液的坍落度经时变化曲线（不同水量）

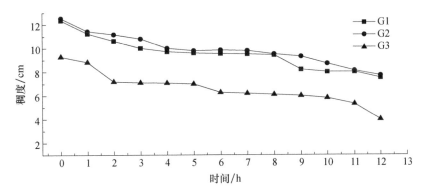

图 12.1.24　浆液的稠度经时变化曲线（不同水量）

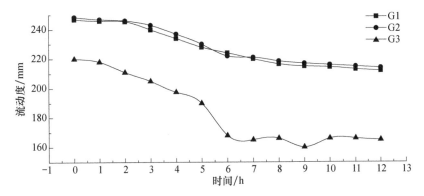

图 12.1.25　浆液的流动度经时变化曲线（不同水量）

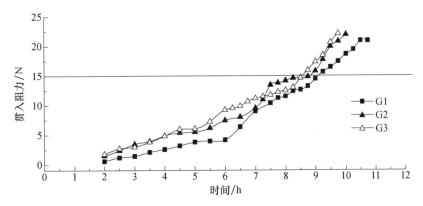

图 12.1.26　浆液的凝结时间曲线（不同水量）

对比发现，水量增大后，浆液的稠度和流动度也随之增大；水量减少，浆液的凝结时间（贯入阻力达 15N 时）也缩短。

7）粉煤灰和膨润土用量对浆液性能指标的影响

为测试粉煤灰和膨润土对浆液性能指标的影响规律，以表 12.1.6 推荐配比 1 为基准，调整配比：

① 粉煤灰量增加 70kg/m³，膨润土量增加 30 kg/m³，砂用量减少 100kg/m³；

② 膨润土量增加 60 kg/m³，砂用量减少 60kg/m³。

调整水量使浆液初试坍落度基本相同，测试浆液性能指标与表 12.1.6 推荐配比进行比较，配合比如表 12.1.11 所示，浆液性能指标曲线如图 12.1.27～图 12.1.30 所示。

表 12.1.11　试验配比（不同粉煤灰和膨润土用量）　（单位：kg/m³）

序号	石灰	粉煤灰	砂	膨润土	水	减水剂（PCA1）
F1	60	400	800	70	530	2
F2	60	470	700	100	660	2
F3	60	400	740	130	760	2

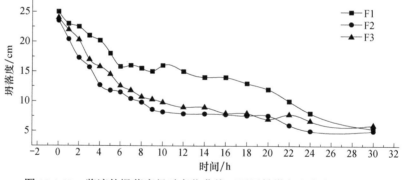

图 12.1.27　浆液的坍落度经时变化曲线（不同粉煤灰和膨润土用量）

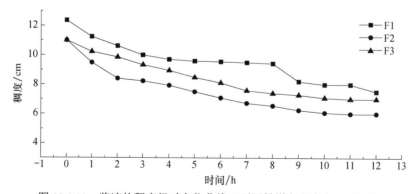

图 12.1.28　浆液的稠度经时变化曲线（不同粉煤灰和膨润土用量）

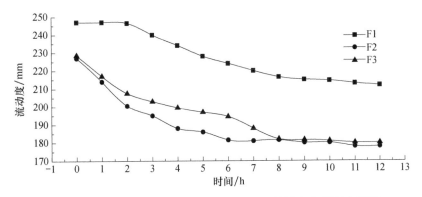

图 12.1.29　浆液的流动度经时变化曲线（不同粉煤灰和膨润土用量）

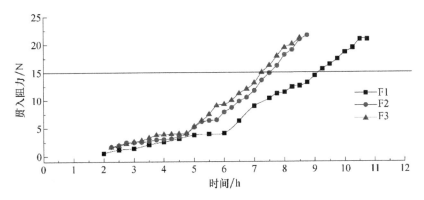

图 12.1.30　浆液的凝结时间曲线（不同粉煤灰和膨润土用量）

相同水量时，研究粉煤灰和膨润土加量对浆液性能指标的影响。配比如表 12.1.12 所示，浆液性能指标曲线如图 12.1.31～图 12.1.34 所示。

表 12.1.12　试验配比（水量相同，粉煤灰和膨润土量不同）（单位：kg/m³）

序号	石灰	粉煤灰	砂	膨润土	水	减水剂（PCA1）
G1	60	400	800	70	530	2
G8	60	470	700	100	530	2
G9	60	400	740	130	530	2

试验发现粉煤灰和膨润土量增加后，浆液的流动度能长时间维持在较高值，利于泵送。

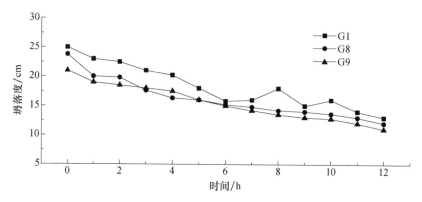

图 12.1.31　浆液的坍落度经时变化曲线（水量相同，粉煤灰和膨润土量不同）

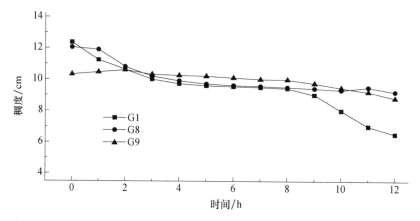

图 12.1.32　浆液的稠度经时变化曲线（水量相同，粉煤灰和膨润土量不同）

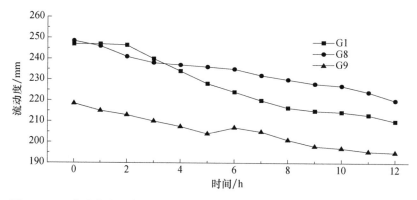

图 12.1.33　浆液的流动度经时变化曲线（水量相同，粉煤灰和膨润土量不同）

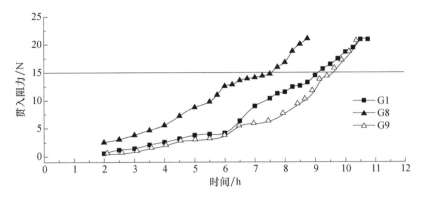

图 12.1.34　浆液的凝结时间曲线（水量相同，粉煤灰和膨润土量不同）

12.1.4　新型浆液的应用

苏州轨道交通 2 号线盾构施工实践中所使用的"准厚浆"，是苏州轨道交通自主研发的新型浆液，综合性能优良，总体上偏惰性，在避免堵管的同时保证沉降控制效果。本次切桩工程继续选用"准厚浆"，该浆液的材料配比如表 12.1.13 所示。

表 12.1.13　准厚浆材料配比表

原材料	配比/(kg/m³)	材料要求
消石灰	60	氢氧化钙含量≥85%
粉煤灰	400	Ⅱ级，细度不大于 20%~45%
砂	800	河砂，细度模数≥1.5
膨润土	70	钠基，膨胀率 13~30ml/g
水	530	天然水，pH=7
减水剂	2	减水率 20%~30%

为规范操作，以室内试验为依据并结合现场试拌浆试验，确定现场拌浆投料顺序，并且 2 号线各标段（包括切桩段）统一要求。拌浆投料顺序为：先投干料即黄沙、消石灰粉、膨润土，边搅拌边添加粉煤灰，干料搅拌 2min，而后分次加水搅拌，水要根据拌出的浆液情况适当添加。最后投放外加剂搅拌至满足要求。拌浆的关键点是：水要分次加入，边拌边加。现场指派专职拌浆人员，确保浆液拌制质量，并测试浆液坍落度和稠度指标，做好测试记录。

在广济桥切桩段，切桩过程中各墩台沉降及水平位移检测情况在第 11 章中（11.4.2 节和 11.4.4 节）进行了详细的介绍。根据监测结果，左线穿桩后，墩台最大沉降极值为-11.7mm，墩台最大纵向位移极值为-7.3mm，墩台最大横向位移极值为-4.2mm。桥梁的三维变形数值均在《城市桥梁养护技术规范》（CJJ 99—2003）

允许范围内。准厚浆在苏州广济桥切桩中取得了较好的实践效果。

准厚浆在苏州轨道交通 2 号线各地层条件下取得了良好的实践效果。

图 12.1.35 和图 12.1.36 分别是苏州轨道交通 2 号线富水粉细砂层和软弱粉质黏土层条件下，盾构施工地表及建筑物沉降曲线示例。在富水粉细砂地层中注入新型浆液，地表最终沉降基本能控制在-12～4mm，应用效果值得肯定。在软塑状粉质黏土地层条件下，新型浆液对地表沉降的控制结果能够达到-8～4mm，效果几近完美。

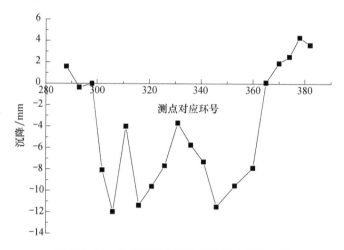

图 12.1.35　富水粉细砂层地表轴线点最终沉降

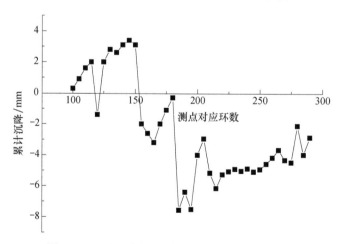

图 12.1.36　软弱粉质黏土层地表轴线点最终沉降

盾构机在 2 号线 9 标长吴路站—宝带西路站区间右线穿越建筑物遭遇到了软弱粉质黏土层，该粉质黏土的含水量大于其液限，属于流塑状粉质黏土。

图 12.1.37 为 9 标软弱流塑状粉质黏土地层地表轴线点累计沉降值及建筑物测点沉降发展过程。在流塑状粉质黏土条件下，建筑物最终沉降比软塑状粉质黏土的沉降大，但是沉降依然在安全控制标准-20mm 以内。

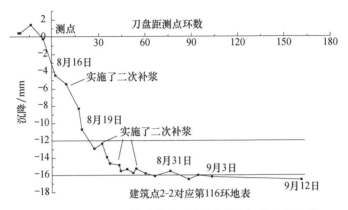

图 12.1.37　流塑状粉质黏土层建筑物测点沉降发展过程

　　而在 2 号线 6 标盾构所穿越工程中，地层粉质黏土含水量小于液限，属可塑-软塑状粉质黏土。图 12.1.38 为 2 号线 6 标盾构所穿越的建筑物测点沉降发展过程。由图 12.1.38 可知，6 标建筑物沉降控制结果比 9 标（见图 12.1.37）好些，原因主要是 6 标盾构所穿越的粉质黏土与 9 标的粉质黏土土质相比较硬。在软弱流塑状粉质黏土地层中盾构穿越建筑物除了要同步注入质优量足的新型浆液以外，还必须及时实施二次乃至多次补浆才能够把沉降控制在理想数值以内。

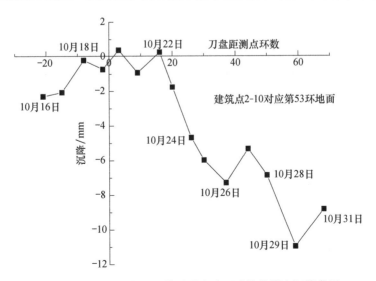

图 12.1.38　可塑-软塑状粉质黏土地层建筑物测点沉降发展

综上可知，以消石灰、粉煤灰、膨润土、细砂、水和减水剂为原料的新型浆液具有保水性好、抗水分散性较好、体积收缩小等特点，它克服了现有惰性浆液凝结时间长、固结体强度低、体积收缩率大的缺点，同时也克服了普通可硬性浆液凝结时间短、易堵管、抗水分散性较差的缺点，实现了充填性、流动性、固结强度三者之间的良好匹配。在苏州轨道交通 2 号线工程中，采用新型浆液（厚浆）的同步注浆取得了良好效果。

12.2　新型土体改良泡沫剂

土压平衡盾构成功的关键是将开挖面切削下来的土体在压力仓内调整成具有"塑性流动状态"的土，以免开挖土在压力仓内发生闭塞、结饼、喷涌和开挖面失稳等工程事故。当地质条件不适于盾构机掘进时，就必须向开挖面前甚至压力仓内注入添加材料。气泡改良技术是一种从沙砾层到黏土层均适用的土压平衡式盾构土体改良技术。从 1980 年问世以来，至今已有大量的工程实例，是目前所有解决开挖土体的性质不良所导致施工难题最为先进和有效的方法。

在苏州轨道交通 2 号线广济桥切桩工程中，由于穿越桥桩段上部土层为④$_2$粉砂层，占隧道断面的 1/2~2/3，根据苏州轨道交通盾构施工经验，盾构在④$_2$粉砂层中推进会出现推力、扭矩均过大的情况，给切桩施工带来一定困难。施工中必须对切削土体进行渣土改良，注入泡沫剂和水改善土体特性，泡沫剂的注入量对刀盘、扭矩大小存在直接影响。为此，针对苏州典型富水软弱粉细砂地层，研究开发了一种土压平衡盾构用土体改良泡沫剂。

12.2.1　泡沫的作用

泡沫改良土体技术是将泡沫注入土中，使盾构开挖的土体呈"塑性流动状态"，保证开挖面、压力仓、排土机都能稳定工作。注入土体的泡沫主要发挥如下作用：

（1）润滑。气泡将土体颗粒包围，增加了润滑性，可有效降低刀盘和螺旋排土器的扭矩，减少刀具的磨损。

（2）稳定土仓内的压力。建立土压平衡，维持开挖面的稳定。

（3）改善土体的塑流性。降低黏土的黏性，砂土的内、外摩擦角，提高土体的塑性流动性。

（4）阻水。改变土体的渗透系数，提高止水性。

12.2.2　泡沫剂开发

土压平衡盾构用泡沫剂一般由发泡剂、稳泡剂和助剂组成。目前所了解的盾构机使用的泡沫剂绝大部分是由阴离子表面活性剂和非离子表面活性剂复配构成主发泡剂，再配以稳泡剂，有的产品还需添加与表面活性剂对应复配能产生协同效应的助剂、增溶剂等。所有成分按照适当的比例，以适当的方式混合形成泡沫剂产品。

　　土压平衡盾构用泡沫剂一般采用阴离子表面活性剂和非离子表面活性剂复配效果较好。阴离子表面活性剂吸附于气泡液膜上之后，阴离子表面活性剂亲水基带有同种电荷，由于它们之间静电排斥力的作用，阴离子表面活性剂排列不太紧密。当加入非离子表面活性剂与之复配后，由于非离子表面活性剂不电离，它们插入阴离子表面活性剂之间，增加气泡液膜的黏度，使气泡更加稳定。故选用阴离子表面活性剂和非离子表面活性剂作为主发泡剂，再配以稳泡剂和助剂，作为配置发泡剂的主要原料。图 12.2.1（a）为所开发的泡沫剂以 3%浓度水溶液发泡生成的泡沫，图 12.2.1（b）、（c）为自制泡沫剂泡沫消泡率与膨胀率试验照片。

（a）自制泡沫剂正在发泡生成泡沫　　（b）泡沫消泡率试验　　　　（c）泡沫膨胀率试验

图 12.2.1　自制泡沫剂发泡生成的泡沫及泡沫性能试验照片

12.2.3　泡沫改良土体试验

　　选用自行研制开发的泡沫剂进行改良砂土试验。泡沫剂以 3%浓度水溶液发泡，泡沫的半衰期为 11min，膨胀率约为 24%。

　　采用不同的泡沫注入率，开展泡沫剂以及泡沫剂联合膨润土对细砂进行渗透性、流动性以及内摩擦角等土体改良试验。

　　泡沫注入率定义为

$$\mathrm{FIR} = \frac{V_{\mathrm{G}}}{V_{\mathrm{S}}} \tag{12.2.1}$$

式中，V_{G} 为注入气泡的体积；V_{S} 为掘削土砂的体积。

　　应用泡沫进行土体改良试验时，根据砂的级配曲线图通过式（12.2.2）计算出泡沫的注入率 FIR。

$$\text{FIR} = \frac{\alpha}{2}[(60 - 4X^{0.8}) + (80 - 3.3Y^{0.8}) + 90 - 27Z^{0.8}] \qquad (12.2.2)$$

式中，FIR 为泡沫注入率，%，当 FIR<20%时，取 FIR=20%；X 为 0.075mm 粒径的通过百分率，$4X^{0.8}>60$ 时，取 $4X^{0.8}=60$；Y 为 0.42mm 粒径的通过百分率，$3.3Y^{0.8}>80$ 时，取 $3.3Y^{0.8}=80$；Z 为 0.075mm 粒径的通过百分率，$2.7Z^{0.8}>90$ 时，取 $2.7Z^{0.8}=90$；α 为由土的不均匀系数 C_U 决定的系数，$C_U<4$ 时$\alpha=1.6$，$4 \leqslant C_U \leqslant 15$ 时$\alpha=1.2$，$C_U \geqslant 15$ 时$\alpha=1.0$。

由式（12.2.2）计算出试验用细砂泡沫注入率约为 15%，取 20%。

有关文献里提到[1]，砂砾地层的改良应以地层中细粒组分（≤0.075mm）的质量分数不低于 30%为佳，据此，按照添加膨润土或黏土后砂中的细粒成分占 25%、30%和 35%分别进行试验。

1）渗透性改良试验

气泡和膨润土改良土体的一个重要作用就是阻水，当盾构在富水砂层或其他透水性很大的地层中掘进隧道时，对开挖面前方土体的透水性提出了更高的要求。气泡或膨润土微小颗粒能够填充土体颗粒间的空隙，阻断水的联系通道，使得土体的渗透系数减小，从而达到阻水的目的。

渗透试验采用常水头渗透试验方法。泡沫剂溶液浓度 C 为 3%，泡沫注入率 FIR 为 20%。经测定，试验所用细砂不加任何改良剂时的渗透系数 $K_{20}=2.54 \times 10^{-3}$cm/s，粗砂的渗透系数 $K_{20}=1.66 \times 10^{-2}$cm/s。图 12.2.2～图 12.2.4 所示的渗透系数数值均为标准温度下的渗透系数 K_{20}。

饱和粉细砂中添加膨润土或者黏土后，砂中的细粒组分质量占砂样总质量的 30%时，被改良砂土的渗透系数与时间的变化关系如图 12.2.2 所示。

图 12.2.2 为使用自制泡沫改良、泡沫联合膨润土或泡沫联合黏土改良饱和粉细砂的渗透系数试验结果对比。可以看出，单纯用泡沫改良饱和细砂的渗透性效果不够好。同时添加泡沫和黏土或膨润土后，砂土渗透系数的数量级达到了 10^{-6}，效果很理想。

图 12.2.3 为泡沫砂的照片，显示泡沫改良后砂土中充填了大量小气泡，微微呈蓬松状态，气泡像一个一个的小圆珠，存在于砂土中能够充填其中的微小空隙，起到阻水、润滑减阻、增大流动性等效果。

图 12.2.4 为砂中添加膨润土至细粒成分的质量分数分别占 25%、30%和 35%，泡沫注入率为 20%时饱和粗砂的渗透系数随时间的变化规律。由图 12.2.4 可知，随着粗砂中细粒组分的增加，渗透系数越来越小，改良后粗砂的渗透系数数量级在 10^{-7}～10^{-6}，几乎不透水。

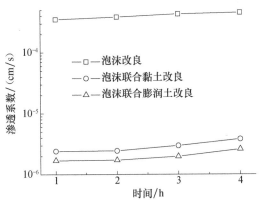

图 12.2.2　饱和粉细砂的渗透系数改良结果

图 12.2.3　泡沫改良砂土

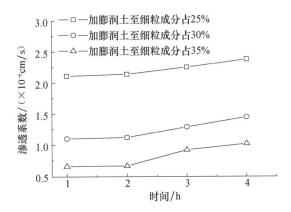

图 12.2.4　饱和粗砂的渗透系数改良结果（FIR＝20%）

2）塑流性改良试验

开挖土的流动性是"塑性流动状态"的一个重要指标。盾构施工中要想避免"闭塞"、"结饼"等问题，就必须使开挖土的流动性达到一定的水平。所谓的"塑性流动状态"是指开挖土能够连续地从盾构机的螺旋排土器排土口顺利排出，这就要求切削砂土除具有合适的含水率，还应具有一定的保水性，不易发生水、砂分离现象。试验通过测量改良砂土的坍落度指标来比较砂土的流动性，砂质黏土要求坍落度的管理范围为 10～15cm。图 12.2.5 为细砂坍落度的试验照片。

由图 12.2.5（a）可以看出，改良前砂土的保水性很差，大部分水从砂土中析出，出现水、砂分离，砂土的流动性很差，坍落度很小。图 12.2.5（b）显示泡沫改良后细砂的流动性大大增强，保水性大大提高。图 12.2.5（c）为泡沫联合膨润土改良饱和粗砂的坍落度试验照片，改良后砂土的流动性很好，且具有很好的保水性，获得了理想的坍落度，并且能够在较长的时间内保持较好的流动性。

（a）改良前　　　　　　　　　　　（b）泡沫改良

（c）泡沫联合膨润土改良

图 12.2.5　细砂坍落度试验照片

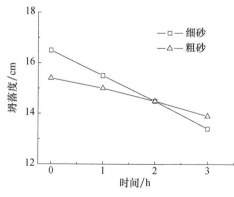

图 12.2.6　改良后粗砂与细砂坍落度随时间
的变化规律

图 12.2.6 所示曲线表示添加膨润土至细粒组分质量占砂样总重的 30% 时，泡沫改良细砂和粗砂的坍落度随时间的变化规律。

可以看出，当细粒成分含量相同时，相同的泡沫注入率下，同样都是饱和状态，两者的坍落度随时间的变化都较小，但是随时间的延长，细砂的坍落度变化较大，可能是由于细砂比粗砂所添加的膨润土的量相对较小。

3）内摩擦角改良试验

图 12.2.7 显示了泡沫改良不同含水量砂土的内摩擦角随泡沫剂浓度的变化规律。可以看出，随着泡沫剂浓度的增大，泡沫砂的内摩擦角依次降低。相同泡沫剂浓度和泡沫添加量下，砂土的含水量越大，泡沫砂的内摩擦角越小。

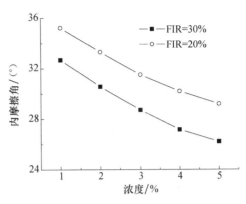

图 12.2.7　内摩擦角与泡沫剂浓度的关系

12.2.4　泡沫改良土体现场应用

试验段选在盾构掘进全断面粉细砂层区段，试验段隧道埋深 10.7～11.3m，地下水标高 1.5～2m，改良前盾构机掘进速度最快只能达到 2～3cm/min，日掘进 4～5 环，如果提高速度、扭矩和推力，地面沉降不易控制。试验段每环注入泡沫剂 30～60L 进行土体改良，日掘进达 8～12 环，而且出土顺畅，土压较稳定，沉降得到了控制，效果很明显。图 12.2.8～图 12.2.10 为泡沫改良前后盾构机各推进参数的变化曲线。

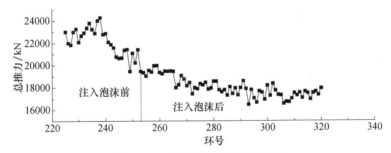

图 12.2.8　盾构机总推力变化曲线

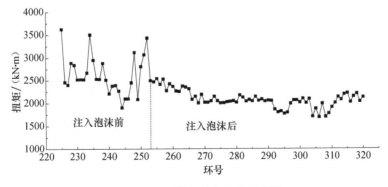

图 12.2.9　盾构机总扭矩变化曲线

根据以上试验和泡沫剂的现场应用效果，总结出以下几点结论和建议：

（1）泡沫改良砂土能够显著降低砂土的渗透系数，提高土的塑流性，当同时注入膨润土或黏土泥浆时，既能提高堵水性能，又能进一步改善砂土的流动性，提高保水性。泡沫能够显著降低砂土的内摩擦角，可使其降低 10°左右。当砂中增加膨润土或黏土细粒成分后，砂土易于保持较松软的状态，因此土的内摩擦角降低得更多。

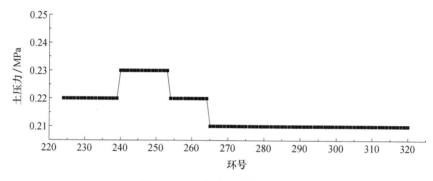

图 12.2.10　土仓压力变化曲线

（2）进行土体改良时，需综合考虑改良土的渗透性、流动性、剪切强度等指标，才能获得理想的具有"塑性流动性"的改良土。

（3）由于在砂性土中正面注入泡沫材料，正面土体得以改良，减小了砂性土的内摩擦角，提高了压力仓内渣土的流动性，减小了盾构机的总推力和刀盘的扭矩，加快了推进速度，降低了工程成本，而且地面沉降控制效果良好。

12.3　本 章 小 结

本章主要介绍了新型壁后注浆材料和新型土体改良泡沫剂两项盾构切削钢筋混凝土桩的辅助技术。两项技术在苏州轨道交通 2 号线施工中和广济桥切桩段的应用中均取得良好效果。根据本章论述，可归纳为以下几点：

（1）新型壁后注浆材料（准厚浆）克服了现有惰性浆液凝结时间长、固结体强度低、体积收缩率大的缺点，同时也克服了普通可硬性浆液凝结时间短、易堵管、抗水分散性较差的缺点，综合性能优良，在避免堵管和浆液离析的同时有效控制了地层沉降，在苏州轨道交通 2 号线工程中，准厚浆取得了良好实践效果。

（2）盾构机切桩通过后，为防止隧道上方残留继续下沉对管片产生挤压破坏，应选择强度不高、凝固较慢的浆液类型，同时产生对残桩向上的托举作用，保护隧道管片。

（3）盾构机在粉砂层中推进时会出现推力、扭矩过大的情况，给切桩施工带来困难。此时，需对切削土体进行渣土改良。土体改良泡沫剂可使开挖土体得以改良，提高压力仓内渣土流动性，减小了盾构机的总推力和刀盘的扭矩，加快了推进速度。

（4）新型土体改良泡沫剂以阴离子表面活性剂和非离子表面活性剂为主发泡沫，再配以稳泡剂和助剂作为主要原料，在渗透性、塑流性、内摩擦角改良方面具有良好效果。

（5）针对苏州典型富水软弱粉细砂地层开发的新型泡沫剂在实际工程应用中避免了盾构机推力、扭矩过大和掘进困难等问题，取得了良好的实践效果。

参 考 文 献

[1]　钟小春，朱超，槐荣国，等. 高渗透地层土压盾构渣土改良试验研究[J]. 河南科学，2017，（3）：425-431.

.

第 13 章 结   语

经过团队所有成员的辛苦努力，苏州切桩工程取得了圆满成功，应该说我们对盾构切削钢筋混凝土桩的理论和技术有了更深刻的认识和理解，有成功经验也有不足之处。

13.1 可供参考的研究成果

（1）综合考虑切削过程中的材料非线性、几何非线性及接触非线性，采用非线性显式动力分析方法，建立了刀刃切削钢筋、混凝土的细观切削模型，获得了切削效果、切削力特征、应力应变分布、材料变形矢量图等，并针对刀刃对钢筋、混凝土的切削机理，提出刀刃分区分带切削钢筋模型。

（2）基于刀刃参数对切筋、切混凝土的影响规律，以适应连续切削大直径桩基为目标，研发了新型切桩专用刀具；建立了三维切削钢筋热力耦合模型和三维切削混凝土全过程模型，分析了新型刀具的动态切削过程及切削性能；结合仿真计算结果并对比各种磨损类型的发生条件，明确了硬质合金刀具切削钢筋、混凝土的磨损机理为硬质点磨粒磨损。

（3）宜采用同心圆法布置新型贝壳刀；相邻切削轨迹刀间距的确定，应以能全覆盖面切削桩身混凝土为原则；建议按等相位角确定刀具位置；新型贝壳刀能够直接切断钢筋，但实现的前提为钢筋被周边混凝土包裹固定住。考虑刀盘切削桩基的多功能需求，提出了包括正面大贝壳刀、边缘大贝壳刀、中心小贝壳刀、仿形贝壳刀以及羊角储备刀在内的刀盘群刀综合配置方案；为利于将钢筋切断成合适长度，基于刀具高低差配置思想，提出了配置超前贝壳刀以实现分次切筋的切削理念。

（4）通过建立刀盘切桩数学模型，编制刀盘受力计算程序，获得了推力、扭矩、不平衡力及倾覆扭矩的变化特征及影响规律：切桩刀具数量呈现显著的波动性，是影响推力和扭矩的主要因素；无论是中部桩还是侧部桩，推力、扭矩平均值均和桩身宽度呈线性关系；随着桩基偏移距离的增大，推力和扭矩基本呈现逐渐减小趋势；切削侧部桩时，需特别注意防范不平衡力和倾覆力矩；对于中部桩，随着桩身宽度的增加，不平衡力和倾覆力矩总体减小，而对于侧部桩，随着桩身宽度增加，不平衡力与倾覆力矩的平均值和最大值均显著增加；随着桩基偏移距离的增大，刀盘不平衡力与倾覆力矩均是先增大后减小。

（5）切桩应以"磨削"为基本理念，刀具应慢推速、小切深地磨切混凝土和钢筋；针对切削大直径桩基，从保护刀具合金的角度而言，设定推速时应不超过 2mm/min。为兼顾控制推力、扭矩和保护刀具的双重需要，刀盘转速不应过大也不应过小，以中等转速为宜，建议取 0.5～0.8r/min；通过调整刀盘转向，将用较为锋利的一侧切桩，有助于控制推力和扭矩。

（6）切桩施工前，应对盾构设备进行综合改造，包括刀盘、刀具、螺旋输送机、小流量推进泵、外包管等方面。螺旋输送机应从利于排渣、降低磨损、加强应急三个方面进行改进，选用带式螺旋输送机为宜；应增加一台小流量低速推进泵，保证盾构机切削桩基时能够低速、稳速推进，减少刀具的崩损率；保土压是控制桥梁沉降的关键，切桩时土仓压力设定应适当地提高，具体可通过"闷推"的方式来实现；为防止上部残桩继续下沉而对管片衬砌产生集中荷载，应选择强度不高、凝固较慢的浆液类型。

（7）苏州切桩左右线工程实践的安全顺利，表明直接连续切削大直径群桩是可行的，也证实了本书所研究提出的刀具配置方案及掘削施工控制技术的合理性。根据工程实测，新型切桩刀具的磨损系数约为 0.77mm/km；带式螺旋输送机能排出的钢筋最大弯曲直径与其内筒直径基本一致。针对工程中刀具磨损量相差较大问题，根据各刀具与桩基的相对位置关系，提出了等磨损刀具布置法。

13.2　存在的问题及改进建议

13.2.1　合金刀刃崩损较多问题

尽管苏州切桩工程左右线盾构均已安全顺利切削穿越群桩，桥梁结构和管片衬砌安全受控，刀具正常磨损量也较小，但刀具合金刀刃的崩损（合金整块崩脱或合金自身崩裂）发生情况仍较多，尤其是在左线切桩工程中。

根据合金崩损机理，导致合金刀刃崩损的损伤源可能有四个：①刀盘切桩时推速不稳，刀具合金在正面与桩基相冲击，尤其正当切削钢筋或混凝土中的粗骨料时；②刀盘旋转过程中，刀具在接触桩侧混凝土的瞬间，合金刀刃侧面受到混凝土的侧向冲击；③由于新型切桩刀具采用负前角刀刃，当刀盘周围存在大量钢筋时，钢筋可能钻入刀刃前刀面与混凝土桩身之间的缝隙中，使得刀刃在前行过程中不得不强力挤压钢筋，从而造成刀刃前刀面应力集中，瞬间应力超过刀刃合金的强度；④由于硬质合金材料自身存在气泡、孔洞等初始缺陷，在疲劳荷载的作用下，合金自身产生微裂纹并逐渐扩展、延伸，最终形成宏观裂纹造成合金开裂。

对于第一个损伤源，实际工程中已根据试验结果，优化改进采用了小流量推荐泵，推速较小且较稳；对于第二个损伤源，右线切桩同样采取 0.8r/min 的刀盘转速,但合金崩损量却较少,说明刀盘转速不是造成左线刀具合金崩损较多的主因。左线切桩存在同时切削两根桩基的工况,产生的钢筋量远大于只切削一根桩基的情形,更多的钢筋可能钻入刀刃前刀面与混凝土桩身之间的缝隙中,另外左线切桩的切削长度也高于右线,左线刀具受到的疲劳程度大于右线刀具。因此,第三与第四个损伤源可能是造成刀刃合金崩损较多的主因。

为减少合金刀刃崩损情况的发生,针对第三、第四个损伤源,对今后类似切桩工程做如下改进建议:在刀具配置上,减少超前贝壳刀的轨迹间距,以将钢筋切得更短,从而更利于钢筋从螺旋输送机中排出,减少钢筋在刀具附近的存在量;在切削圆桩的初期和尾期时,鉴于推力和扭矩较小,可适当提高推速以加大切深,这样可使刀盘以更少的转次切完桩基,从而减少刀具合金刀刃的疲劳程度。

13.2.2　刀具不等量磨损问题

由于起初在布置刀具时,苏州左右线切桩工程并未根据各刀具与桩基的相对位置关系定量计算切桩轨迹长度,因此造成实际切桩时刀具不等量磨损:部分刀具磨损较严重的同时,某些刀具甚至几乎没有磨损,不利于刀盘整体切削性能的发挥。为此,针对性地提出切桩刀具等磨损布置原则和方法。

设一个切削半径布置一把刀具时的磨损系数为 k,当第 i 个切削半径布置 m_i 把刀具时,该切削半径的磨损系数为 $k_{m-i} = k / m_i^{0.3333}$,则此时各切削半径的刀具磨损量 $\delta_{m-i} = k_{m-i} L_{\text{all}-i} = k(L_{\text{all}-i} / m_i^{0.333})$,可知,实现各切削半径的切桩刀具等磨损的方法为:使 $L_{\text{all}-i} / m_i^{0.333}$ 保持等比例。

但由于计算出来的 $L_{\text{all}-i}$ 是可连续取值的实数,而 m_i 只能间隔取 $m_i=1,2,3\cdots$ 的整数,因此 $L_{\text{all}-i} / m_i^{0.333}$ 只能是尽可能实现等比例。故在具体布置刀具时,设定两个边界条件: $L_{\text{all}-i} / m_i^{0.333}$ 的不等比例系数小于 30%;刀盘上第一个切削半径的刀具布置数量 $m_1 = 1$。按照上述方法,以苏州左线切桩工程为例,为实现各切削轨迹的刀具等磨损,各切削半径的刀具最终布置数量如表 13.2.1 所示。

表 13.2.1　苏州左线切桩工程的刀具优化布置数量

切削半径/mm	切削全部桩基的轨迹长度总和 $L_{\text{all}-i}$/cm	刀具布置数量 m_i	$\dfrac{L_{\text{all}-i}}{m_i^{0.333}}$	不等比例系数/%
542.6	588.79	1	588.79	0
622.6	684.21	1	683.00	16.2
702.6	691.43	1	688.88	17.4
782.6	772.31	2	612.34	4.1
862.6	785.81	2	624.12	6.0
942.6	776.89	2	618.23	4.8

续表

切削半径/mm	切削全部桩基的轨迹长度总和 L_{all-i}/cm	刀具布置数量 m_i	$\dfrac{L_{all-i}}{m_i^{0.333}}$	不等比例系数/%
1022.6	800.17	2	635.89	7.9
1102.6	832.09	2	659.44	12.2
1182.6	869.96	2	688.88	17.3
1262.6	937.4	2	741.88	26.4
1342.6	1024.07	3	712.44	20.6
1422.6	1037.08	3	718.32	22.2
1502.6	1101.99	3	766.43	29.8
1582.6	1059.93	3	735.99	24.9
1662.6	1098.06	3	759.54	29.4
1742.6	1138.31	4	718.32	21.8
1822.6	1178.31	4	741.88	26.1
1902.6	1217.92	4	766.43	30.4
1982.6	1257.51	5	735.99	25.0
2062.6	1297.16	5	759.54	28.9
2142.6	1336.81	6	735.99	25.0
2222.6	1251.12	5	730.10	24.3
2302.6	1152.47	4	724.21	23.4
2382.6	1112.39	4	700.66	19.1
2462.6	1088.41	3	753.65	28.2
2542.6	1070.67	3	741.88	26.1
2622.6	1056.72	3	730.10	25.5
2702.6	1046.31	3	724.21	23.1
2782.6	1035.73	3	718.32	22.0
2862.6	1027.55	3	712.44	21.0
2942.6	1020.51	3	706.55	20.2
3022.6	1014.26	3	700.66	19.5
3102.6	1008.90	3	700.66	18.8

13.2.3　切桩连续作业以致温度过高问题

盾构切桩过程中，设备长时间连续工作，刀盘轴承支撑处、驱动电机等位置，在散热不畅的情况下，设备温度较易达到甚至超过盾构安全保护系统所设定的限温阈值，以致盾构自动停止工作。苏州切桩工程右线施工时正值夏季，全天温度平均为 24℃，由于与外界温差的降低，盾构机械设备散热不畅、温度上升较快，如图 13.2.1（a）所示，在切削第一根桩后，刀盘轴承支撑处便快速升到 59.7℃，临近限温阈值 60℃。

　　针对此问题，从切削第二排桩基起，采取如下三项措施：一是将隧道通风管往前延伸至前盾位置；二是在刀盘轴承和驱动电机附近处搁置含有大量冰块的水桶；三是在双梁两侧的走道上架设两个小风机，加快空气流动速度。通过这三项措施成功地将刀盘轴承支撑处温度控制在 55℃ 内，如图 13.2.1（b）所示。

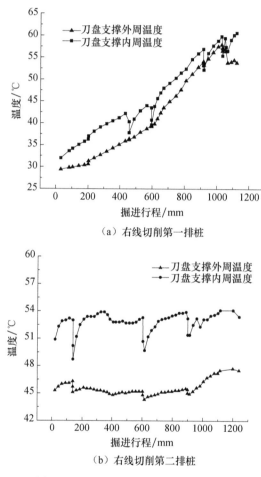

（a）右线切削第一排桩

（b）右线切削第二排桩

图 13.2.1　刀盘支撑处温度的变化曲线

13.3　切桩有风险，切桩需谨慎

　　盾构切桩作为一项新工法，虽然其经济效益和社会效益显著优于传统工法，但毕竟目前在国内外所积累的成功案例和施工经验仍较为有限，尚待成熟，不可贸然选用，尤其是对于连续切削大直径群桩。苏州切桩工程单条区间成功连续切削 7 根桩基、同时切削 2 根，虽然切削穿越后的刀盘、刀具尚具切削能力，但今后若有工程需同时切削 3 根、连续切削 10 根甚至更多，能否实现安全顺利穿越，恐怕仍是个未知数。

盾构穿桩工程的成功，不仅在于盾构机身能够顺利切削穿越，也在于穿桩中、穿越后能够确保桩基上部结构和隧道管片结构的安全，因此，进行可行性研究时应深入分析截断桩基后对上部结构和隧道管片的不良影响，并在穿桩实施前做好相应的加固措施。

13.4 展 望

（1）确保切桩刀具合金尽可能少发生崩脱、崩裂，对于实现刀具有效切削桩基和提高刀具寿命具有重要意义。本书只是初步对合金崩脱、崩裂原因及防崩措施进行了探讨，仍需作做一步的深入研究。

（2）对于切削钢筋混凝土桩基，在刀具布置时，是否也像滚刀破岩一样存在最优刀间距问题，以及最优刀间距该如何确定，本书并未探讨，只对能否实现全覆盖面切削的临界刀间距进行了分析。尝试从切削能的角度研究刀间距，将是可入手的新思路。

（3）本书所研发的新型切桩刀具，以及所给出的刀具配置方案及掘削参数建议，主要针对软土地层中切桩。盾构在复合地层中掘进时，也可能遭遇障碍物桩，此时应该如何配置盾构刀具，使得既能有效切削破除桩基，同时也能适应盾构前期在硬岩地层中掘进，值得深入探索。